高速光电耦合芯片驱动
绿色照明系统集成技术

田 磊 著

东南大学出版社
SOUTHEAST UNIVERSITY PRESS
·南京·

内 容 简 介

本书首先介绍了绿色照明的发展概况,在分析了驱动芯片设计原理与绿色照明系统架构的基础上,提出了绿色照明系统中光电耦合器使用的必要性;基于绿色照明系统的结构以及光电耦合芯片的理论基础,设计研发出具有高速、强驱动能力的光电耦合器;通过对该器件内部各模块进行仿真与实测,结果表明该器件可以很好地应用到提升系统稳定性的研究中。书中最后通过实例的测试验证了所设计光电耦合芯片在绿色照明系统中起到的作用。

本书旨在对光电耦合芯片在绿色照明系统中的具体应用提出一套科学有效的方法,通过实际的测试可以判断所设计的产品在高速、强驱动以及降低噪声的各项性能指标方面均能在照明系统中起到良好的作用。最后,为环保的照明体系提供可参考的理论依据和实际的技术保证。该项成果对于提升照明系统的综合效率,降低系统噪声干扰以及实现未来环保照明的关键技术都起到重要的引领作用。同时,本成果对于光电领域中实际器件的应用具有重要的学术价值。

本书可供从事光电器件、绿色照明相关专业的科研工程技术人员阅读参考,也可供光电信息工程以及物理电子学专业的研究人员参考。

图书在版编目(CIP)数据

高速光电耦合芯片驱动绿色照明系统集成技术/田磊著.—南京:东南大学出版社,2021.8
ISBN 978-7-5641-9621-9

Ⅰ.①高… Ⅱ.①田… Ⅲ.①光电耦合器件-应用-照明设计-节能-系统集成技术 Ⅳ.①TM923.02

中国版本图书馆 CIP 数据核字(2021)第 156930 号

高速光电耦合芯片驱动绿色照明系统集成技术
Gaosu Guangdian Ouhe Xinpian Qudong Lüse Zhaoming Xitong Jicheng Jishu

出版发行:东南大学出版社
社　　址:南京市四牌楼 2 号　　**邮编**:210096
出 版 人:江建中
责任编辑:姜晓乐
经　　销:全国各地新华书店
印　　刷:广东虎彩云印刷有限公司
开　　本:700 mm×1000 mm　1/16
印　　张:11.75
字　　数:211 千字
版　　次:2021 年 8 月第 1 版
印　　次:2021 年 8 月第 1 次印刷
书　　号:ISBN 978-7-5641-9621-9
定　　价:49.00 元

本社图书若有印装质量问题,请直接与营销部联系。电话(传真):025-83791830

前　　言

　　随着绿色照明产业的不断发展以及国家对节能环保的日益重视,对于照明系统的驱动器研究、设计和开发越发重要。为了解决照明系统中驱动器响应速度、驱动能力以及可靠性的问题,人们逐渐采用集成电路(芯片)作为电子驱动器的核心。在对驱动芯片的研究与设计过程中,主要关注芯片的可靠性、受芯片影响的绿色照明系统的稳定性以及系统的集成度。

　　在这种背景下,本书面向应用,从设计角度出发,重点研究光电耦合器在绿色照明系统中的关键技术及电路结构。同时解决了光电耦合器响应速度慢、驱动能力低以及噪声抑制能力不足等诸多难题,将三项指标集成设计,统一实现在一款芯片中,并将该芯片作为耦合器件应用至照明系统之中。

　　本书围绕绿色照明体系中光电耦合芯片的理论分析、设计与实际测试等工作具体展开,全书分为七章。第一章简要介绍绿色照明基础知识和光电耦合器的研究现状;第二章对驱动芯片设计原理与架构进行了分析,通过对荧光灯驱动器芯片以及 LED 驱动芯片的原理及架构进行分析后选取了相应的电子驱动器芯片工艺;第三章重点针对光电耦合芯片架构与原理进行分析,提出光电耦合器的系统设计思路;第四章综合绿色照明系统对响应速度的要求,通过对光电检测基本理论和响应速度的因素进行深入学习,构建出高速响应的新架构;第五章结合照明系统的实际需求,对驱动能力的片内集成进行设计,通过对电源管理模块、光电信号前端处理模块以及光电信号后端驱动模块的综合片内设计,实现了芯片的强驱动能力;第六章对系统的稳定性设计进行研究,实现了初级侧调制的稳定性测试,并对系统设计的关键技术进行了仿真和实测;第七章对噪声抑制与保护功能进行了优化设计,通过对光电器件的噪声分析,设计了相应的降噪电路模块,并在版图设计的过程中进行合理布局,利用对称结构降低噪声对系统的干扰。

　　本书在编写过程中,得到了西安电子科技大学、西北大学、美国阿肯色大学的大力支持,在编写及校正过程中,凝聚了西安邮电大学王小辉老师以及陕西省电工电子省级示范教学中心常淑娟、弓楠等老师的心血,使得本书顺利完成。在此一并向他们表示衷心感谢!

本书相关的研究工作得到国家自然科学基金项目"基于模态分解的非理想多信号过孔模型及其协同设计的研究(61301067)"、陕西省自然科学基金项目"仿生视觉传感器中高速光电转换性能的实现与研究"、陕西省教育厅项目"光电检测阵列中电子输运模型对响应速度的影响研究(17JK0690)"、陕西省教育厅项目"高速光电耦合系统中载流子输运模型响应速度的研究(15JK1676)"、西安市科技局科研计划项目"强驱动高速光电耦合器在西安市广电照明系统中的应用(GXYD17.20)"的资助。

限于作者水平,书中不妥之处在所难免,恳请广大读者批评指正。

作 者

2020 年 3 月于西安

目 录

第一章

概　　述

1.1　绿色照明基础知识

随着现代社会的高速发展,人们对电子电路微小型化、智能化、人性化等的需求越来越高,促使集成电路产业蓬勃发展。从事集成电路研发的科技人员不断克服各种困难,基于摩尔定律,将集成电路尺寸不断缩小,规模不断增大,功能不断完善,应用范围不断扩大。在基于低压、纳米级尺寸、超大规模 CMOS 工艺的集成电路主流研发不断进行的同时,基于高压 BCD(Bipolar-CMOS-DMOS)工艺的集成电路也不断在新的领域展现出强大的生命力和发展空间。特别是在电力电子方面,具有高度集成、灵活可变的巨大优势。

绿色照明通常是指科学的照明设计加之效率高、寿命长、安全和性能稳定的照明电器产品。这其中包含光源、灯具及附件,以实现高效、舒适、安全、经济、有益环境的照明系统。绿色照明的开展能够带来电能的巨大节约,是社会可持续发展和人民幸福生活的重要保障措施之一。基于绿色照明的电力电子技术是电力电子研究的重要方向。开展绿色照明相关的电力电子技术的研究具有重大的现实意义。其中,基于高压 BCD 工艺的电子驱动器芯片,应用广泛,需求量大,开发难度较高,是基于绿色照明的电力电子技术研究的重要部分。

雾霾沙尘天气、温室效应以及生态环境的日益恶化越来越引起人们的关注和警惕,自然环境已经逐渐难以承载人们日益扩大的活动范围,特别是能源日益枯竭,煤炭、石油、天然气等能源资源储量在人们日益扩大的需求面前岌岌可危,人们逐渐开始意识到,需要对能源的使用进行重大的改革。对于能源的使用改革主要包括两个方面:开源和节流。开源的方法就是引入各种新能源,补充、缓解或替代传统能源的使用;节流就是提高各种能源使用效率,从而降低各种能源的消耗速度。由于新型能源存在开发周期长、蕴藏含量难以确定、使用效率过低等长期问题,急需通过节流方式,缓解能源的供需压力,给新能源的有效开发提供足够的时间支持。

电力资源是重要的二级能源之一,具有适用范围广、使用方法简单、获取方法多样、获取量巨大等优点。我国从 20 世纪 90 年代中期就提出了"绿色照明"的概念,号召人们参照《"中国绿色照明工程"实施方案》,实施"中国绿色照明工程",开发和推广高效照明器具,逐步替代传统的低效照明光源,节约照明用电,从而使照明环境更加经济舒适、安全可靠且能满足人民生活要求,保证人民身心健康的照明环境,同时减少环境污染,保护生态环境,因此开展绿色照明具有重大的现实意义。目前,所谓的绿色照明主要指荧光灯和 LED 灯两种。

在"十二五"绿色照明工程实施过程中,出现了几点重大改变:(1)节能型荧光灯的推广重点开始由城市转向农村;(2)开始制定 LED 节能灯的各种标准规范,并有计划地在城市中试点推广;(3)更注重市场推广的作用;(4)政府职能部门着重于制定标准和污染治理两方面。显然,两种照明灯具均需要研究和开发。

1.2　光电耦合器的研究现状

20 世纪 70 年代初,以 Yariv A 和 Hayashi K 为代表的科研人员就提出了光电子集成电路(Opto-electronic Integrated Circuit,OEIC)的设计思想。他们提出基于同一基片,将这两种技术集成开发的设计理念,完成光电子与微电子器件的集成设计,利用光、电两种信号的各自优势,实现了在 OEIC 设计过程中具有里程碑式的技术突破。

OEIC 技术的成功实现从根本上解决了大规模电路中间环节的设计瓶颈,并且使传统集成电路的整体响应速度、可靠性以及稳定性得到了明显的提升。尤其在光电子技术迅速发展的当今社会,光电集成技术在全球各研究机构的推动下广泛应用于工业控制、绿色照明以及光电检测等领域。因此可以断言,光电集成技术必将成为继微电子技术之后,再次推动人类科技发展的重要动力。

进入 21 世纪以来,光电集成技术的发展速度更加迅猛,人们在生活、工作中时刻可以感受到光电集成技术给我们带来的便利。尤其是在工业控制、绿色照明、电力电子等领域,光电集成技术在其中扮演着至关重要的作用。但与光电集成技术快速发展形成鲜明对比的是强电网络后级控制的安全性、电力系统中的电路干扰等问题无法有效解决。

在光电领域相互交融的进程中,光电子集成电路(OEIC)应运而生。相比于电信号而言,光信号自身具备多项优良性能,诸如:传输损耗低以及抗干扰能力强等特点。所以,OEIC的发展与应用速度得到了空前的提高,这将促使电子器件兼容光信号的处理与传输能力成为一种趋势。

人们希望利用光信号的单向传输、稳定可靠、抗干扰能力强等诸多优势来解决传统电路中的棘手问题。鉴于此,光电耦合的技术就提上了研究日程。

光电耦合技术是以光作为信号载体,在电的驱动下,完成信号的传输与控制等相关工作。光电耦合器就是在这样的背景下研究开发出来的。作为OEIC技术的进一步发展,光电耦合器广泛应用于开关电源、照明显示、节能与生态环境保护等领域中。

光电耦合器是一种将光发射、光接收以及光电处理模块集成封装在同一个芯片内的光电器件,通过在电路、工艺以及封装等方面不断的创新,现已生产出多项新型产品。分别选取不同波长的光发射、接收单元,即可研究出几百种光电耦合器。它们的应用面非常广,尤其在电力控制领域中,通常能够在安全稳定的操作环境中起到高速驱动、绿色环保的作用。因而,该器件已成为一个独立的、种类繁多、性能优良的半导体器件门类。

作为光电耦合系统的标志性器件,光电耦合器将光发射、接收以及光电信号处理电路集于一身。当电信号输入时,其光发射单元的LED就会在电信号的驱动下发射光线,光线在芯片内部腔体进行传输,经过不同路径的传播最终到达光接收端。光接收单元接收光子并形成光电流(Photocurrent),光电流通过后级的信号处理电路转换为电压信号,该信号进入放大器、比较器等元件处理后变为后级电路可以接受的标准数字电平,在逻辑模块的控制下驱动后级MOS阵列,从而输出预先设计的驱动电流。这样就实现了从电到光,再从光到电的转换及控制过程,从而构成了通过"光"媒质来传输"电"信号的新型半导体光电子器件。光信号是整个信息通路里的唯一介质,所以从系统的输入至输出可以实现电气隔离。

光电耦合器在实际应用的过程中,根据响应速度的快慢有低速和高速之分;按照隔离性能可分为普通隔离和高压隔离两种;依据传输信号的类别即可分为线性和非线性两种。随着各种类型的光电耦合器不断普及,研发人员在提升光电耦合器综合性能的同时,也要面临更高指标的挑战。而响应速度就是这些高指标中的一个研究难点,尤其是在高速工作的电路中,对光电耦合器提出了纳秒(ns)级的速度要求。为了实现更快的响应速度,必须从光电转换的设计理念以及内部电路结构上重新审视,保证光电耦合器能够在高速响应的状态下稳定工作。

在考虑高速的响应能力的同时,对驱动能力以及降噪性能也有很高的要求。实际应用中提出了将这三种特性指标集于一身的需求,既要有高速的响应能力,也要具有很强的驱动能力,同时还要具备自降噪的功能,这些要求给我们的设计带来了很大的挑战,目前,国内外对这个方向研究的机构很少,尚无其他人在此领域有过深入研究。

为了高效地实现绿色照明系统,本书以高速、强驱动为研究目标,设计一款高速、强驱动的单片集成光电耦合器并应用于照明系统中。基于此,构建一种通用的光电耦合芯片,在控制电路与前级电路之间架起弱电与强电的桥梁,可以在高速信号处理、后级电路驱动的领域替代原有的电子器件,提高照明系统整体的工作效率。

近些年,在光电耦合系统中的信号处理速度呈现高速化的趋势,与之配套的仪器设备也呈现出高速系统化的发展特点,由此可见,光电耦合器的响应速度以及其作为光电系统核心器件的驱动能力和抗干扰特性都将成为今后研发设计的重要指标。所以,光电耦合器的应用需求正在朝着高速、强驱动、低噪声以及小型化方向发展。

与此同时,把光电耦合器及其附属电路单片集成化,不仅可以减小体积,还能使后续电路安装标准化。近年来,光电耦合器件的发展正在向系统集成的方向迈进,将整个系统中的信号处理模块、驱动模块、保护模块以及功率器件集成在同一基片上,已经成为光电器件发展的大趋势,同时也是本书研究的重点内容。所以,在后续的内容里,本书将以光电耦合器的响应速度、驱动能力以及降噪性能作为研究重点,设计出能够满足光电系统实际应用的高性能光电耦合器。

1.3 本章小结

本章简要地介绍了绿色照明的发展概况以及在照明系统中光电耦合驱动器发展的现状。为了更好地提高照明系统稳定性,降低系统损耗和提高系统集成度,后续章节将分别从荧光灯、白光 LED 的应用及需求入手,分析驱动器芯片的设计理念及关键技术,并提出多种设计理论及电路设计方法,进而更加高效地将光电耦合器的各项性能运用于实际的绿色照明系统中。

第二章

驱动器芯片设计原理与架构分析

　　基于光电系统的绿色照明电子驱动器芯片主要用于隔离式驱动的各种荧光灯或者白光 LED 灯的驱动和控制。因此,整个电路系统以及芯片的整体架构、组成模块及其具体指标均与应用环境和应用需求有关。本章主要从应用需求和应用环境的角度出发,设计基于电子驱动器芯片的应用电路系统和芯片本身电路架构,划分了功能模块并提出了具体的指标要求。

2.1　荧光灯驱动器芯片设计原理与架构分析

　　荧光灯照明系统的应用发展经历了两个阶段:传统的电感式驱动器驱动阶段和电子驱动器驱动阶段。电感式驱动器驱动阶段主要通过电子驱动器和启辉器在工频(50 Hz 或 60 Hz)下谐振点亮荧光灯;电子驱动器一般是先将市电转换成直流电压,在半桥式结构下逆变成较高的交流频率,而后通过 RLC 系统谐振,将荧光灯点亮。目前,电子驱动器中的核心电路一般采用单个或多个芯片构成,从而大幅缩小了驱动器体积,同时大大增加了系统寿命。

2.1.1　传统荧光灯系统原理与架构

　　传统荧光灯的工作过程包括:上电—点火—正常工作三部分。上电阶段即在荧光灯两端加载普通的 220 V、50 Hz 市电;点火阶段即荧光灯两端电压突然上升至 800 V 以上,将荧光灯击穿,从而点亮的阶段;正常工作阶段即荧光灯击穿后等效电阻迅速变小,为适应荧光灯等效电阻的迅速变化,灯两端电压也迅速降低,从而实现额定功率输出的工作状态。上述三个阶段的荧光灯端电压 V_{L_1} 的变化如图 2.1 所示。由于荧光灯同侧两个端子之间由灯丝相连,而灯丝电阻极小,因此可近似认为荧光灯另两端之间的电压与上述两端间电压相等。

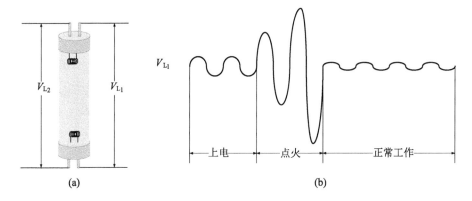

图 2.1　传统荧光灯工作过程

如图 2.2 所示为传统荧光灯系统的连接方法,将市电接入包含有传统电感式驱动器、启辉器和荧光灯管的荧光灯网络中,实现荧光灯的上电工作过程。通过电感式驱动器的电感同启辉器的电容谐振,从而产生 1 000 V 以上的高电压,从而将荧光灯管击穿,使荧光灯管发光工作。正常工作后,由于接入的荧光灯管的等效电阻由无穷大转变为一个较小阻值,系统谐振状态改变,从而使荧光灯两端电压迅速降低,荧光灯进入正常工作阶段。

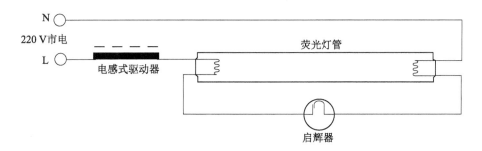

图 2.2　传统荧光灯系统组成

传统的荧光灯电路系统组成简单,取电方便。但是,由于直接采用市电频率低,造成电感式驱动器和启辉器体积大,仅适合应用于传统的棒形荧光灯系统中;电路系统没有预热结构,荧光灯灯丝损伤快,荧光灯寿命较短;没有功率因数校正结构,开灯时,对整个市电电源系统扰动很大。

2.1.2　采用驱动器的荧光灯系统原理与架构

应用电子驱动器取代传统的电感式驱动器，能够有效地解决传统荧光灯系统的各种缺点。针对体积大的缺点，电子驱动器可将市电频率提高，从而使电感和电容的体积减小；针对灯丝损伤快的缺点，加入预热结构，使灯丝先充分预热，再点火发光；针对系统电源扰动大的缺点，加入功率因数校正电路解决。采用电子驱动器取代电感式驱动器后的具体工作过程如图 2.3 所示。首先，灯管两端电压在上电和预热阶段保持较高频率（一般在 60 kHz 以上），保持 0.6 s 以上，该过程中，工作频率固定或渐变均可；而后，当荧光灯灯丝预热完成，工作频率跳变至 RLC 系统谐振频率，使灯管两端电压因谐振而迅速放大，击穿荧光灯管——这个过程称为"点火"；而后，随着荧光灯等效电阻迅速减小，灯管两端电压也迅速减小，荧光灯正常发光工作。

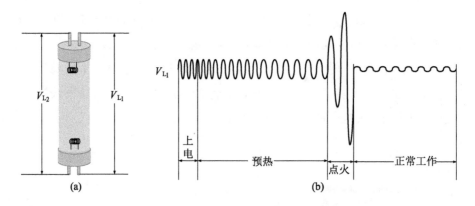

图 2.3　采用电子驱动器的荧光灯工作过程示意

应用电子驱动器后，系统的工作频率一般提高到 30 kHz 以上；增加了预热过程——使灯电压 V_{L_1} 和 V_{L_2} 固定在一定区域，从而使灯丝被加热时灯电压不会将荧光灯击穿点亮；功率因数一般也需要较高要求。一般的电子驱动器的荧光灯系统架构如图 2.4 所示。最终输出驱动信号 V_1、V_2 以及死区时间 t_{ds} 如图 2.5 所示。

2.1.3　荧光灯驱动器芯片的应用需求

在图 2.4 所示系统中，为了使频率提高，先将市电整流，再通过荧光灯驱动

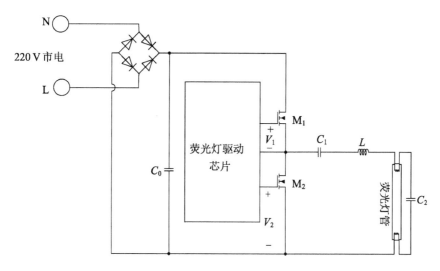

图 2.4　采用电子驱动器的荧光灯系统组成

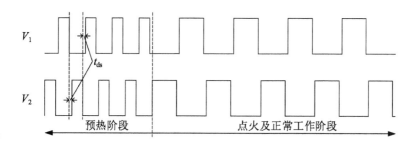

图 2.5　荧光灯驱动器芯片输出驱动信号示意图

器芯片产生更高的频率。由于音频处于 20 Hz～20 kHz 之间,荧光灯驱动器芯片产生的频率不可低于 20 kHz,否则系统很容易产生能够被听到的噪声;较低的超声频率下,虽然不能被人听到,但会对人体造成巨大伤害;150 kHz 以上的频率会极大增加系统的功耗,同时也不利于外部功率管的开关。因此,荧光灯系统的工作频率需要选择在 40 kHz 以上,150 kHz 以下,也就是荧光灯驱动器芯片的输出频率需要选择在 40 kHz～150 kHz 之间。对于荧光灯驱动器芯片组成的 LC 系统,一定频率下达到谐振,从而使荧光灯也就是电容 C_2 两侧电压达到 800 V 以上,使荧光灯被击穿从而开始发光工作。而选择更高的频率,使 LC 系统不进入谐振状态,则荧光灯不点亮,但灯丝被加热。因此,荧光灯系统的工作过程是:先选择高频将荧光灯灯丝加热,持续 0.6 s 以上,再逐渐转移到谐振频率将荧光灯点亮。为了完成此过程,荧光灯驱动器芯片需具有如图 2.6 所示的定时器,用以产生持续 0.6 s 以上的预热时间控制信号,控制图示的振荡器工作在高频,当预热过后,控制信号转而控制振荡器频率恢复至谐振频率。为控制图示功率 MOSFET M_2,振荡器需要低端驱动模块增加驱动能力;为控制 M_1,振荡器输出信号则需先进行电平移位再增强驱动能力。两个功率 MOSFET 在相反信号驱动时,很难避免在驱动信号上升沿或下降沿时同时导通,因此还需死区时间模块用以加入死区时间,从而避免两个驱动管同时导通。另外,高端驱动与低端驱动电路之间耐压应高于市电整流后的直流电压,并高于其可能的最大电压(410 V)。综上所述,芯片的主要功能及性能需求如表 2.1 所示。

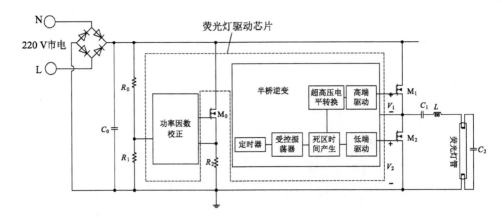

图 2.6　荧光灯驱动器芯片的功能需求及其基本组成

表 2.1　荧光灯驱动器芯片的主要需求

功能/性能	最小值(Min)	典型值(Typical)	最大值(Max)
工作频率/kHz	30	40	150
预热时间/s	0.6	—	—
死区时间/μs	0.6	1.1	1.7
功率因数	0.9	—	—
高端至低端耐压/V	410	—	—

2.1.4 荧光灯驱动器芯片的功能架构与指标

由 2.1.3 节中介绍的荧光灯驱动器芯片的应用需求,可进一步定义规范的荧光灯驱动器芯片的功能架构框图,如图 2.7 所示。荧光灯驱动器芯片的功率因数校正部分和荧光灯半桥驱动部分,在功能和性能要求上都相对独立,一般按照独立芯片进行设计后再统一封装,从而形成组合功能。其整体性能指标如表 2.2 所示。

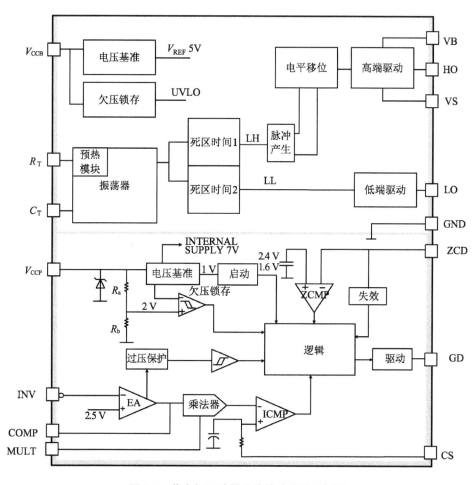

图 2.7 荧光灯驱动器芯片的功能结构框图

表 2.2　荧光灯驱动器芯片的电气特性指标

符　号	介　绍	测 试 条 件	最小值	典型值	最大值	单 位
功率因数校正部分						
欠压锁存部分						
$V_{th(start)}$	开启阈值电压	V_{DDP} Increasing	11	12	13	
$V_{th(stop)}$	截止阈值电压	V_{DDP} Decreasing	7.5	8.5	9.5	V
$H_{Y(UVLO)}$	欠压锁存迟滞		3.0	3.5	4.0	
V_z	齐纳电压	$I_{DDP}=20$ mA	20	22	24	
输入电流部分						
I_{st}	建立电流	$V_{DDP}=V_{TH(START)}$		40	70	mA
I_{DDP}	工作电流	Output not switching		1.5	3.0	mA
$I_{DDP(dyn)}$	动态工作电流	50 kHz，$C_L=1$ nF		2.5	4.0	
$I_{DD(dis)}$	截止态电流	$V_{INV}=0$ V	20	65	95	mA
误差放大器部分						
V_{ref1}	电压反馈	$T_A=25℃$	2.465	2.500	2.535	V
DV_{ref1}	线性调节	14 V$\leqslant V_{DDP}\leqslant$20 V		0.1	10.0	mV
T_{VS}	温度稳定性			20		
$I_{b(ea)}$	输入偏值	1 V$\leqslant V_{inv}\leqslant$4 V	−0.5		0.5	
I_{source}	输出电流源	$V_{inv}=V_{ref1}-0.1$ V		−12		mA
I_{sink}	灌电流	$V_{inv}=V_{ref1}+0.1$ V		12		
$V_{eao(H)}$	输出钳位电压	$V_{inv}=V_{ref1}-0.1$ V	5.4	6.0	6.6	V
$V_{eao(Z)}$	零占空比输出电压		0.9	1.0	1.1	
g_m	跨导		90	115	140	$\mu\Omega$
电流检测部分						
$V_{CS(LIMIT)}$	输入门限电压		0.7	0.8	0.9	V
$I_{b(cs)}$	输入偏置电流	0 V$\leqslant V_{CS}\leqslant$1 V	−1.0	−0.1	1.0	mA
$T_{d(cs)}$	输出端电流检测延迟			350	500	ns

注：除非特殊说明，$V_{CCB}=14$ V，$V_{CCP}=20$ V，$T_{emp}=25℃$

2.2　LED 驱动芯片设计原理及架构

　　由于 LED 灯直流驱动的电气特性，使其驱动器的设计更加多样化。根据用途,可分为 LED 照明系统、LED 背光系统、LED 显示系统等。本书主要研究市电供电的 LED 照明系统。

2.2.1 LED 照明系统原理与架构

市电供电的 LED 照明系统一般由电源、电压变换模块、驱动 IC、LED 灯珠四部分组成,如图 2.8 所示,具体实现方式一般有非隔离式芯片驱动、隔离式芯片驱动、阻容式直接驱动。

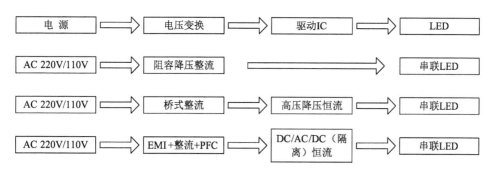

图 2.8　市电供电的 LED 照明系统组成

阻容式直接驱动通常是采用一定数量的电阻、电容、二极管等无源元件组合而成的 LED 灯驱动,图 2.9 即为一种阻容式 LED 照明系统。这种驱动方式具有结构简单、成本低等明显优势,利于大规模生产。但也有工作效率低、驱动功率小、发光效率低、寿命短等缺点,因此不属于绿色照明,不能满足大规模降低照明用电量的需求,不适合大范围推广。

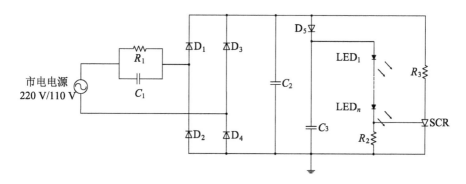

图 2.9　阻容式 LED 照明系统

非隔离式芯片驱动的典型系统架构如图 2.10 所示。此类 LED 照明系统的结构也相对简单,驱动芯片用来侦测电源电压幅度的变化,并通过芯片内部控制机制改变串联 LED 接入数量,从而避免了市电整流后对电源电压的进一步处理。因此该系统具有功率因数高、系统结构简单等优点。同时,由于系统中不使用电容,因此几乎不会对市电电源带来大的影响。但是,在工作效率、灯亮度均匀性和舒适性上存在先天不足,且仅适用于 15 W 以下的 LED 照明系统。非隔离式 LED 照明系统还有开关电源类型的系统结构,与上述系统相比结构复杂,成本较高,但在驱动管外接时可以满足更高功率的系统使用且具有更稳定的输出电流,使 LED 更亮、系统更稳定,如图 2.11 所示。

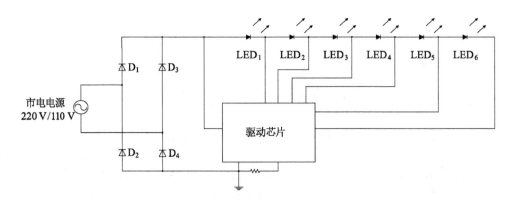

图 2.10　非隔离式 LED 照明系统

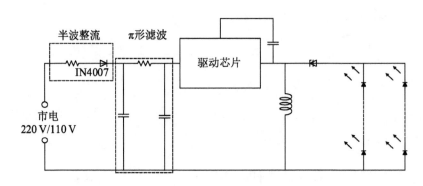

图 2.11　驱动管内接非隔离式恒流 LED 照明系统

隔离式 LED 照明系统与以上两种系统不同,在对市电进行整流后,采用电容等元器件使电源电压保持为更稳定的直流,通过驱动芯片与变压器结合,将电源电压由直流转换为交流,传至次级线圈后再通过无源元器件将交流转换为直流,从而驱动 LED 发光。该系统一般通过芯片 PWM 或 PFM 调制,从而保持负载电流稳定。通过变压器附加线圈对负载电流进行采样。其典型系统结构如图2.12 所示。该架构最大的优点是安全性高,由于采用变压器隔离,使负载与市电隔离,特别适用于金属壳体散热的 LED 球泡灯,能够最大限度地避免触电事故的发生。同时,更适于 PFC 功能和调光功能的集成。但是,其系统架构更加复杂,应用成本相对更高。

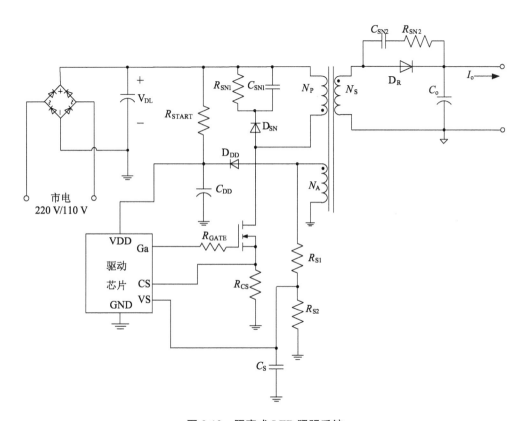

图 2.12　隔离式 LED 照明系统

2.2.2　LED 驱动器芯片的功能需求

2.2.1 节中介绍的三种 LED 照明系统中,有两种需要采用驱动芯片。本书仅对隔离式 LED 驱动系统中的芯片设计进行研究。隔离式 LED 驱动系统中,需要系统具备的特点主要有:①隔离性能;②恒流控制;③二次侧电流信号采样;

④功率因数校正;⑤低 EMI 特性。因此,需要驱动芯片具有的功能结构有:①电流采样计算;②内置振荡器;③频率抖动——用以降低可用频域内的 EMI;④PWM/PFM恒流调制;⑤功率因数校正结构;⑥安全防护结构;⑦基准电压源/电流源;⑧驱动模块。因此得到 LED 芯片的基本功能需求及基本组成如图2.13 所示。

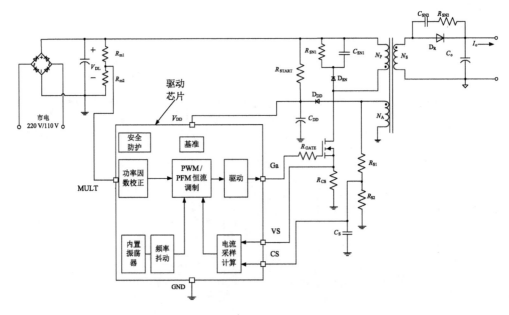

图 2.13　LED 驱动器芯片的功能需求及其基本组成

对应的芯片主要功能、性能需求如表 2.3 所示。

表 2.3　LED 驱动器芯片的主要需求

功能/性能	最小值	典型值	最大值
中心工作频率/kHz	39	42	45
频率抖动范围/kHz	±1.8	±2.6	±3.6
频率抖动周期/ms	—	3	—
过温保护/℃		140	
功率因数	0.9	—	

2.2.3 LED 驱动器芯片的功能架构与指标

具有功率因数校正功能的 LED 驱动器芯片的 PFC 与 PWM 功能经常可以复用,因此其结构相对于荧光灯驱动器芯片要简化很多,如图 2.14 所示。其典型工作电压为 18 V,典型工作温度为 25℃。具体电气特性指标如表 2.4 所示。

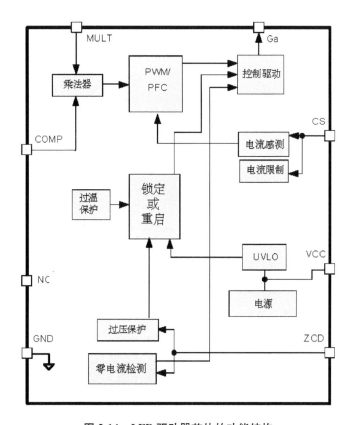

图 2.14 LED 驱动器芯片的功能结构

表 2.4 LED 驱动器芯片电气性能指标

符 号	介 绍	测 试 条 件	最小值	典型值	最大值	单位
供电电源部分						
I_{start}	启动电流	$V_{CC}=12$ V	—	5	10	μA
I_{op}	工作电流	$F_s=50$ kHz	500	700	900	μA

（续表）

符　号	介　　绍	测 试 条 件	最小值	典型值	最大值	单位
欠压部分						
V_{start}	启动阈值电压		14	16	18	V
V_{stop}	关断阈值电压		7.0	8.0	9.0	V
FB 反馈部分						
V_{OVP}	过压保护比较器阈值		2.6	2.8	3.0	V
$V_{S\&HREF}$	S & H 基准		1.9	2.1	2.3	V
动态特性部分						
T_{LEB}	消隐时间		0.15	0.35	0.55	μs
T_{OVP}	过压保护恢复时间		11	19	30	ms
限流部分						
V_{CS1}	CS 异常过流保护点		1.3	1.4	1.5	V
乘法器						
V_{CS2}	CS 比较点	$V_{AC}=2\,V, V_{AVG}=1\,V$	0.35	0.45	0.55	V
驱动部分						
T_R	DRI 上升时间	$C=1\,nF$	200	300	600	ns
T_F	DRI 下降时间	$C=1\,nF$	30	50	80	ns
DR_{CLAMP}	DRI 高电平钳位电压		15	16.5	18	V
DR_H	驱动高电平	DRI 下拉 $I_O=20\,mA$	11	13	—	V
DR_L	驱动低电平	DRI 上拉 $I_O=20\,mA$	—	0.3	0.5	V
过热保护部分						
T_{sd}	过热检测		125	140	—	℃
T_{sdhys}	过热迟滞		15	25	40	℃

注：除非特殊说明，$V_{CC}=18\,V$，$T_{amp}=25℃$。

2.3　电子驱动器芯片工艺选择

　　电子驱动器芯片的设计，不仅需要在芯片架构、模块指标上进行设定，同时还应选择合适的工艺，并选择符合电气性能指标要求的元器件。选择芯片的工艺和元器件,主要从系统的工作环境、芯片的电气环境等方面进行考量。

2.3.1　衬底材料的选择

电路衬底材料的好坏直接影响电子驱动器芯片的性能。针对市电整流后直接输入的应用环境,应选取具有更高隔离特性的半导体工艺。同时,也要从社会效益和成本方面进行考量。

对于荧光灯电子驱动器芯片的超高压(200~1 000 V)应用环境,需要选取超高压芯片工艺。目前,对于该要求,有超高压 SOI(Silicon-on-insulator,绝缘体上硅)工艺和非 SOI 的 BCD(Bipolar-CMOS-DMOS,双极互补型 MOS)工艺两种。SOI 工艺技术先进,具有更小的衬底寄生电容、更小的器件尺寸和更高的隔离性能。该工艺应用于电子驱动器芯片中,使芯片面积能够缩小一半,寄生效应减小 90％以上,从而大幅降低了设计难度。但是,其成本极高且国内不具备加工能力,目前仅有美国、德国等少数国家和地区拥有该种工艺生产线,因此难以采用。而超高压非 SOI 的 BCD 工艺由于采用 P 型硅材料做衬底,采用 PN 结做隔离,为了达到同样的隔离性能,就必须有更大的隔离厚度。因此加工工艺复杂,器件面积大幅增大,且带来了极大的寄生效应。而且,该工艺的稳定性、隔离可靠性相对 SOI 工艺仍有较大不足。以上这些缺点,增加了芯片在本身可靠性、系统稳定性以及进一步集成化三个方面的设计难度。特别是可靠性方面,采用该工艺会使噪声大幅度增大,从而加大了噪声去除电路的规模和设计难度。但该工艺生产线较多,生产成本相对较低,产能稳定,具有更高的比较优势。

因此,虽然 P 衬底型非 SOI 超高压 BCD 工艺存在着诸多性能上的劣势,但是仍然被作为最佳解决方案。

对于 LED 灯电子驱动器,由于将高压驱动管外置,因此选用普通非 SOI 的 P 型衬底 BCD 工艺即可,这同样是综合了电气功能、性能、社会效益和成本后做出的考量。

2.3.2　主要晶体管的选择

对于荧光灯电子驱动器,从 2.1 节中所述的电路架构可知,需要的元器件主要有以下几类。

(1)用于超高压电平移位和高端管区整体隔离的超高压 MOS 管;

（2）用于高端电路电源供电的自举耗尽型超高压 MOS 管；

（3）用于高端电路基本功能实现的 NMOS 及 PMOS 管；

（4）用于低端电路基本功能实现的 NMOS 及 PMOS 管。

其中，（3）和（4）中所述高端电路和低端电路的 NMOS 及 PMOS 管由于基本工作电压较低（12～20 V），应用方法简单，与普通 BCD 工艺下的晶体管选取类似，主要以源极与漏极之间的耐受电压能力作为选择依据。

（1）和（2）中所述晶体管的选取要求较多。用于超高压电平移位和高端管区整体隔离的超高压 MOS 管，主要作用有两个方面：将低端电路驱动信号传输到高端电路；将低端电路衬底与高端电路最低电平隔离，两电路的最低电压最大瞬间压差可达 600 V。

2.3.3　工艺线的选取

工艺线的选取对流片结果影响较大。首先，选取的工艺必须满足 2.3.1 节和 2.3.2 节中所述的各种需求，这样才能保证流片结果符合功能和性能上的需求。另外，工艺线的技术成熟度和流片品质也相当重要，目前，不少超高压工艺线刚刚起步，技术成熟度较低，无法提供详实的设计资料，从而加大了设计的不确定性，间接增加了设计难度和设计成本。流片的成本因素也是要考虑的重要因素。

在本书的各项设计中，从当前工艺线的技术成熟度和流片品质、工艺与需求的契合度、流片成本、技术资料完整性以及便利性等几个方面考虑，决定采用某公司的 0.35 μm BCD 工艺对荧光灯电子驱动器芯片进行设计验证；同时采用该公司的 0.5 μm BCD 工艺对 LED 灯电子驱动器芯片和 PFC 芯片进行设计验证。

第三章

光电耦合芯片的架构分析与设计原理

光电耦合器是一种利用光信号作为传播介质从而完成电信号传输的光电器件。在实际照明系统中,传统电子器件很难同时满足信号传输和噪声隔离这两个要求。在这种情况下,光电耦合器可以很好地解决这一问题,利用其单向电→光→电的传输特性,当光子抵达光接收端后,光电检测阵列探测到入射光子将其转化为光电流,光电流经过后级处理电路输出电信号,通过这种方法,既可以实现信号的传输,又能将电路的前后级进行有效的隔离。

本章首先分析光电耦合器的组成环路,然后在分析其工作原理的基础上,提出所要设计的光电耦合器的主要性能指标,根据该综合指标的要求,在设计的过程中对具体电路进行了系统性的分析,为光接收端电路模块的设计和关键技术的研究打下良好的基础。

3.1 光电耦合器的架构分析

光耦从物理结构上可分为输入级、隔离区以及输出级。输入级就是由 LED 构成的发光区,隔离区即为光耦内部闭合腔体,输出级包括光电转换电路、信号处理以及后级驱动部分,该区域对接收到的光子进行处理并完成后级电路的驱动工作。光电耦合器的具体结构如图 3.1 所示。

由图可知光耦共有 8 个管脚,2、3 管脚分别是 LED 的正负两极,5、8 管脚分别是地和电源,6 和 7 管脚是信号输出端。在实际应用中,由于输出电流可以达到

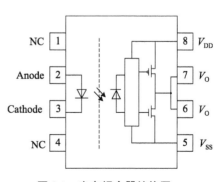

图 3.1 光电耦合器结构图

2.5 A以上,所以为了防止大电流对内部键合线以及输出管脚的冲击,将芯片内部的输出电流用两个管脚引出。各管脚的具体含义如表3.1所示。

表 3.1   光电耦合器引脚结构

管脚号	管脚名	I/O	具体描述
1	NC	——	悬空
2	Anode	输入	发光管正极
3	Cathode	输入	发光管负极
4	NC	——	悬空
5	V_{SS}	输入/输出	模拟地
6/7	V_O	输出	输出信号
8	V_{DD}	输入/输出	输入电压 15～30 V

输入级的主体采用 LED 构成,LED 受到输入信号的驱动后发出光线;通常情况下,在密闭的腔体内部灌注胶体作为光电耦合器的隔离区;输出级采用光电二极管构建光电检测阵列并使之作为光电转换器件,从而实现从电到光,再从光到电的信号传输过程。所以,光电耦合器主要是由发光二极管、内部腔体、光电二极管以及信号处理电路组成的。本节中主要介绍前三种重要组成部分及其特性,信号处理电路将在后续章节中做详细的分析与设计。

3.1.1 发射端的结构与指标

(1) 内部结构

光电耦合器的光发射部分是由发光二极管以及控制电路组成。发光二极管简称 LED(Light Emitting Diode),可以将输入的电信号以光子的形式发射出来。其基本结构如图 3.2 所示。

对于一般的 LED 结构而言,其外接引线中较长的一根是正极,应连接电源正极,短的一根则为负极。有的 LED 外接引线一样长,但管壳上有突起的小舌,则靠近小舌的引线是正极。与白炽灯和氖灯相比,LED 的特点是:工作电压低,工作电流小,寿命长,通过调节工作电流的强弱,可以方便地调节发光的强弱。普通 LED 发光芯片的面积为 10.12 mil^2($1 \text{ mil} = 0.025 \, 4 \text{ mm}$),目前国际上出现的大芯片 LED 面积可达 40 mil^2。

从原理上看,LED 的内部结构是由一个 PN 结构成的,其发光过程可分为三

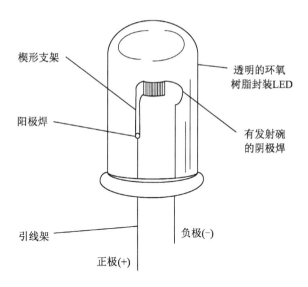

图 3.2 LED 的结构示意图

个阶段,为载流子的注入、复合以及光子的发射。当 PN 结正偏时,电流流过
LED,这样的能量传递过程遵循量子力学基本原理并以光子的形式发射出来,其
发射波长为:

$$\lambda = \frac{h_c}{E_g} = \frac{1.24}{E_g} \ (\mu m) \tag{3-1}$$

其中,h 是普朗克常量,c 是光速,E_g 是禁带宽度,单位为 eV。LED 的工作原理
如图 3.3 所示。

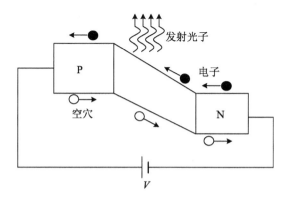

图 3.3 LED 的工作原理

从电致发光过程中可以看出,自由电子和空穴的能级势垒决定了流经 LED 电流的强度,而该电流的大小又与发射光子呈正比关系。所以,对于 LED 而言,电子和空穴的能级差越大,产生的光子的能量就越大。

能级差的大小决定了发射光子频率与波长的不同,从而导致发射光波颜色的差异。在可见光的频率范围内,蓝色光和紫色光的能量较高,红色光的能量较低。由于不同的材料具有不同的能级差,从而能够激发出不同颜色的光线。

用硅材料(Silicon)构建的 LED,在其内部结构中的自由电子和空穴间能级相差较小,所以当这种 LED 在电子的驱动下,发射出的光子频率就不能被人眼观测到,这种光就是通常所说的红外光。本书设计的光电耦合器,其输入端的红外发光二极管采用衬底为 N 型 GaAs 的单晶材料,P 型层是硅掺杂的 GaAs 材料,从而构成 PN 结。Si 掺杂的 GaAs 发光二极管的辐射波长为 850 nm,这样的 Si 掺杂 GaAs LED 应用广泛,有助于降低生产成本。

(2) 内量子效率

作为衡量 LED 性能优劣的一个重要指标,内量子效率指的是 LED 产生的光子数与注入电子空穴对的比值。由此可见,内量子效率是注入效率的函数,以及辐射复合与总复合的函数。可以简单地理解为由电子产生光子的效率。

当光电耦合器工作在正常状态下,LED 得到正向电压驱动后,流过 LED 的电流分为三种,依次是耗尽区里的复合电流 I_R、少子电子的扩散电流 I_n 以及少子空穴的扩散电流 I_p,分别表达为:

$$I_R = \frac{e n_i W}{2 \tau_0} \left[\exp \frac{eV}{2kT} - 1 \right] \tag{3-2}$$

$$I_n = \frac{e D_n n_{p0}}{L_n} \left[\exp\left(\frac{eV}{kT}\right) - 1 \right] \tag{3-3}$$

$$I_p = \frac{e D_p p_{n0}}{L_p} \left[\exp\left(\frac{eV}{kT}\right) - 1 \right] \tag{3-4}$$

其中,n_i 是本征浓度,W 为耗尽区的宽度。n_{p0} 是 P 区内少子平衡浓度,p_{n0} 是 N 区中少子的浓度,D_p 和 D_n 分别是 P、N 区中的空穴扩散常数。由于发光机理是源于内部电子空穴之间的复合,所以注入效率 γ 可表示为:

$$\gamma = \frac{I_n}{I_n + I_p + I_R} \tag{3-5}$$

本书采用的 LED 是 N^+P 型,这使得空穴电流 I_p 在二极管电流的整体部分中所占份额很小,所以注入效率就会提高,理论上可以使其值趋于 1。γ 表达的是电子产生光子的效率,而生成的光子能否以光线的形式辐射出去,是依据辐射效率来表示的:

$$\eta = \frac{R_r}{R_r + R_{nr}} \tag{3-6}$$

其中,η 是辐射效率,R_r 为辐射复合率,R_{nr} 为非辐射复合率。那么,当输入端加入电信号时,LED 的内量子效率即可表示为:

$$\eta_i = \gamma\eta \tag{3-7}$$

由于辐射复合率正比于 P 区的掺杂浓度,当 P 型掺杂增加时,辐射复合率也随之增加,但 γ 与 P 型掺杂成反比。所以在制造 LED 时可以通过工艺流程设计适合的掺杂度,确保 η_i 达到最大。

（3）外量子效率

如果说内量子效率描述的是 LED 内部的工作效率,那么当 LED 发射光子后的工作效率就是由外量子效率来描述的。作为 LED 的另一个重要参数,外量子效率是一个跟 P 型掺杂浓度以及 PN 结深度有着密切关系的物理量。在实际情况中,LED 射出的光子会遇到各种各样的损耗,所以导致 LED 的外量子效率很低,进而影响到 LED 的发光效率。也就是说,LED 在正向电流的驱动下,并非所有产生的光子都能够从半导体内部射出,在光子穿透 LED 外壁的过程中,主要有以下三种损耗,即:半导体内的吸收、菲涅耳损耗和临界角损耗。由于它们的存在,就导致射入光电耦合器的接收端 PD 模块的光子远少于激发出的光子。

由于 LED 发射的光子是以散射的形式传播的,当发射光子能量满足 $h\nu \geqslant E_g$ 时,光子被激发出去;如果不满足能量公式,这些光子就被半导体材料吸收。当光子射出半导体后,就会受到菲涅耳损耗的影响,而当光子从半导体中射入空气中时,这些光子又会产生相应的折射。图 3.4 中画出了入射波、反射波和透射波的示意图。

GaAs 自身的折射系数是 $n_s = 3.9$,空气的折射系数是 $n_a = 1$,当这两种界面的折射系数不同时,其垂直于界面的光反射系数可表示为:

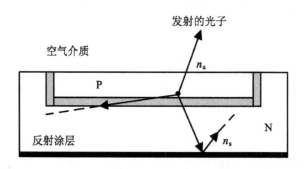

图 3.4 LED 中 PN 结的光子及损耗示意图

$$\Gamma = \left(\frac{n_s - n_a}{n_s + n_a}\right)^2 \times 100\% \tag{3-8}$$

对于 GaAs 与空气的界面来说，$\Gamma = [(3.9-1)/(3.9+1)]^2 \times 100\% = 35.02\%$，这说明，有 35.02% 的光子将被反射回去，其边界全反射临界半角与界面材料的折射系数有关，$\theta = \arcsin(1/3.9) = 14.90°$，那么全反射临界角为 $29.8°$，也就是说发射端的 LED 仅有 8% 的区域能全反射，这对后级 PD 的光电流产生有很大影响。在实际光电流的计算中，光电耦合效率的范围就在 8% 左右。

3.1.2 接收端的原理与改进

（1）工作原理

光耦的光接收部分以光电二极管（Photodiode）为基本单元构建光电检测阵列。光电二极管是一种光检测器件，可以将入射光子转换为光电流。入射光频率 f 的高低可以直接影响接收光子的能量。当 f 升高时，$E=hf$ 会随之增大。当光子射入时，可以理解为一连串能量为 E 的光子轰击光电二极管，此时的光子能量就被电子吸收，其状态就会发生变化，从而使受到光线照射的物体产生相应的光电效应（Photoelectric Effect）。

Si 基光电器件其暗电流和温度系数都很小，工程开发中通常利用平面工艺可精确控制接收管的内部结构。所以 Si 基光电二极管广泛应用于光电器件中。本书将利用 Si 基光电二极管构造光电检测阵列，进而完成光电转换过程，其光电子及光电流的流向如图 3.5 所示。

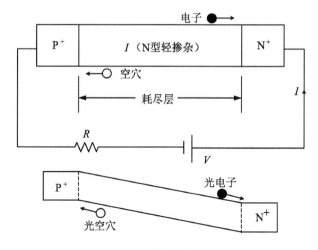

图 3.5　PN 结内部光电子流向图

当入射光子能量高于光电二极管的带隙时，PN 结就会产生光生载流子。在 PN 结反偏时，载流子就会在电场的作用下向结区两端运动，此时，就会在光电二极管中产生光电流。

上述受激吸收仅发生在 PN 结附近，随着与 PN 结的距离变大，内建电场的场强就会减小，为了更加高效地完成光电转换工作，引入掺杂体系的 Si 基光电二极管，即根据实际需求在 PN 结中间掺杂其他元素，称之为本征层 I（Intrinsic），该光电二极管称为 PIN 光电二极管，其结构如图 3.6 所示。

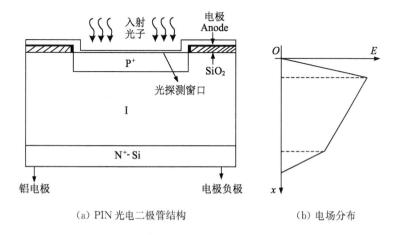

（a）PIN 光电二极管结构　　　　（b）电场分布

图 3.6　Si 基光电二极管的典型结构

图 3.6(a) 是采用 N 型单晶 Si 材料和扩散工艺构建出的光电二极管结构,称为 PIN 结构;图 3.6(b) 是该结构的电场分布图。当反向偏压增大时,整个 I 区会变成耗尽层,加之 P 区和 N 区通常都是重掺杂区,耗尽层向其内部的展宽可忽略,那么外加电场基本加在 I 区两端,在外加场强的作用下,大部分光子在 I 区内被吸收,光电转换的速度和效率都将大大提高。

（2）改进措施

为了提高光电流的转换效率,本书在 PIN 光电二极管的结构上做了如下两方面的改良。首先,在保证整体版图面积不变的前提下,将 PIN 光电二极管的受光面积做得较大,这样可以接收更多的光子,从而产生更大的光电流;其次,为了降低入射光的损耗,在光电二极管制备过程中增加了增透膜。通过制作增透膜可减少入射光的反射,增加光子吸收率,提高光电流的转换效率。二氧化硅（SiO_2）不仅是一种常用的增透膜,还可以将 PN 结的边缘保护起来。

通常情况下,光线在两种折射率不同的介质里传输时,在两种介质的分界面上会产生反射及折射现象。其反射系数为:

$$\varGamma = \frac{\varGamma_1^2 + \varGamma_2^2 + 2\varGamma_1\varGamma_2\cos\Delta}{1 + \varGamma_1^2 + \varGamma_2^2 + 2\varGamma_1\varGamma_2\cos\Delta} \tag{3-9}$$

式（3-9）中的 $\varGamma_1$ 是外界介质与增透膜的菲涅尔反射系数,$\varGamma_2$ 为增透膜与 Si 表面的菲涅尔反射系数,Δ 是膜层厚度引起的相位角 $\Delta = 4\pi nd/\lambda$。当增透膜的厚度 $nd = \lambda/4$ 时,其折射率为基片和入射介质折射率乘积的平方根,即所设计的单层增透膜的折射率满足 $n = \sqrt{n_0 n_{Si}}$。那么,此时的反射系数即为零。

由于本书所设计的光耦具有垂直共面结构,理论上其发射端的 LED 发出的光线垂直射入光电二极管,此时,PD 的反射率与式（3-9）类似。因为增透膜的特性可由膜层的折射率和厚度决定,所以通过伸长和拉偏 SiO_2,即可控制增透膜的特性,从而进一步提升 PD 的性能。

3.1.3 光学腔体与封装

在光电耦合器的内部结构中,光线传输的路线主要取决于内部密闭腔体的结构,该结构由三部分组成,分别是 LED 和 PD 之间进行光传输的通道结构、LED 和 PD 各自的支架结构以及内外两层的封装结构。

由于内部的支架结构和封装结构均已固化在光电耦合器的腔体中,在整个设计流程中,这两种结构一旦选定就不能随意修改,所以在对光电耦合器光学腔体的设计过程中,主要是根据光信号的通路进行通道结构的选取,一般情况下,光线可以通过水平和垂直两种方式进行传输,因此光通道结构分为水平型和垂直型两种。

对于水平型结构而言,LED 位于芯片的左边,发射出的红外光线通过反射及折射等多条路径,最终射入位于右边的光电检测阵列中,从而产生从电到光的传输。由于光子在传输过程中会在内部腔体里产生反射和折射现象,这样就会造成 PD 接收到的光子有所减少,进而导致光电耦合器的传输效率降低。

对于垂直型结构来说,位于芯片内部腔体顶端的 LED 发射光线,射出光线透过介质层,直接射入位于芯片底部的光电检测阵列上,从而产生光电流,由于光信号在传输的过程中尽可能地避免了光线的反射和折射,所以,在同样的电路条件下其传输效率要高于平面结构,这对于电流传输比(Current Transfer Ratio,CTR)是很有意义的。这两种光传输通道的具体结构如图 3.7 所示。

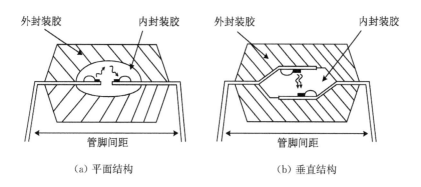

（a）平面结构　　　　　　　　　　（b）垂直结构

图 3.7　光电耦合器纵向截面图

由于光电耦合器的内部支架结构和外部的封装形式受限于腔体内部的光传输结构,而内部结构的不同也会导致光电耦合器整体电气特性上的差异。所以对于图 3.7(a)所示的平面结构而言,其内部腔体需要灌充两层胶,为了固化芯片并保证光电传输效率,在紧贴芯片的外侧打一层透明硅胶;而在这层透明胶之上是一层反射胶。如前所述,内部腔体里会有光线的反射与折射现象发生,所以为了使光检测阵列能更大幅度接收到反射光子,外层的反射胶应紧贴在透明硅胶上面,同时也要兼顾封装整体的平滑度。这在实际操作的过程中有一定难度,因为在非固态的透明胶外加一层光滑反射胶是比较困难的,所以这种结构不适于封装。图 3.7(b)为垂直结构的内部封装图,由于光线垂直射入光电检测阵列,所以只需要用一层胶对芯片进行固定即可,这样也不会使光电传输效率降低。在实际设计中通过塑封进行封装。

鉴于上述分析,本书所设计的光电耦合器采用光垂直共面封装工艺,并且在设计电路时进行优化,从而达到高的噪声抑制能力。其封装前后如图 3.8 所示,图(a)是光电耦合器的 Bonding 照片,图(b)是未封装的芯片照片,(c)图是将芯片固定在测试板结构上的测试用片,图(d)是封装完成后的芯片外形。

(a) 芯片管脚连接照片

(b) 未封装的芯片

(c) 待封装的测试用片

(d) 封装后的芯片图

图 3.8 光电耦合器封装前后照片

3.2　光电耦合器的系统设计

3.2.1　光电耦合器的工作原理

光电耦合器是利用光这种与电不同类的媒质对电信号进行隔离和传输的，所以其自身具有抗干扰性强、易隔离的优势。本书设计的光电耦合器的系统结构如图 3.9 所示。

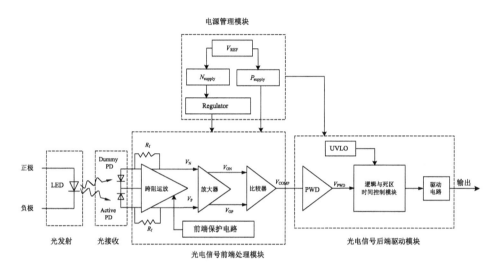

图 3.9　光电耦合器的系统结构图

由上图可以看出，信号通路从发射端开始。光电耦合器的输入端加入电信号直接驱动 LED，电信号转变为光信号，光信号在内部腔体传输至光接收部分，此时光电检测阵列将光子转化为光电流，光电流流经后级模块中的放大器进行放大，放大后的信号经过比较器由模拟信号转化为逻辑信号。产生的逻辑信号需要进行时序调整，所以首先让其流经 PWD 模块，待时序调整正常后，将该信号输出至逻辑与死区时间控制模块中，即可产生驱动信号。在最后一级的驱动电路里，由逻辑模块产生的驱动信号将分别推动 NMOS 阵列和 PMOS 阵列进行工作，从而为芯片提供更大的驱动电流，完成了信号的传输。

本书所设计的光电耦合器不仅在响应速度上较其他芯片有所提高，同时，后级的驱动能力也可以保持稳定的强电流输出。为了保证稳定驱动输出级的

MOS阵列,逻辑与死区时间控制模块采用反相器级联方式,故需要两个内部的稳压模块为此反相器提供电源。其中 N_{supply} 稳压模块提供比地(V_{SS})高 4 V 的稳定电源,P_{supply} 稳压模块提供比电源(V_{DD})低 4 V 的稳定电源。为了保证芯片中各模块工作在精确电压下,芯片通过内置的基准模块为其他各电路提供零温度系数的偏置电流和基准电压。另外,考虑到电源在上电和掉电过程中可能会出现误操作,在设计过程中专门在光电信号处理模块中增加了保护电路,在后级驱动模块中加入了欠压锁存电路,避免突发状况下芯片输出错误信息。

芯片上电时,基准模块首先工作,为各模块提供了稳定的基准电压和偏置电流;随后,两个内部的电源模块 N_{supply} 和 P_{supply} 开始工作;最后,其余各电路模块在得到稳定的电压和电流后均开始正常工作,至此各模块直流工作点完全建立起来。

当输入端加入驱动信号后,LED 发射光线,光电检测阵列接收到入射光子后,将输入的光信号转换为光电流信号 I_{ph}(Photocurrent),该电流流经跨阻放大器(TIA)后转换为电压信号 V_N 和 V_P,此时完成了电流信号到电压信号的转变,同时实现了信号的第一级放大;第二级放大器(AMP)对 TIA 输出的电压信号进行两级放大,由于 AMP 设置了阈值比较电平,则输出信号 V_{OP} 和 V_{ON} 静态电平存在一定差值,当 $I_{ph} < 1\ \mu A$ 时,比较器(COMP)输出为低电平,则芯片的输出信号恒为低电平。当 $I_{ph} > 1\ \mu A$ 时,COMP 将 V_{OP} 和 V_{ON} 转化为 V_{COMP},该逻辑信号经过 PWD 电路的处理后,输出到逻辑与死区时间控制模块(Logic_Deadtime)。当 V_{COMP} 为高电平时,逻辑模块输出的 PMOS 驱动信号为高电平,NMOS 驱动信号为低电平,芯片的输出信号为逻辑高电平;反之,若无输入信号,芯片的输出信号为逻辑低电平。

为了保证芯片在上电和掉电过程中能正常工作,芯片内部设计了欠压锁存模块(UVLO)和前端保护模块(Photo_Protection)。在芯片上电初始时刻,V_{DD} 小于 V_{UVLO+},此时芯片的输出信号恒为低电平;随着 V_{DD} 上升至 V_{UVLO+} 时,芯片正常工作。在芯片电源掉电的初始时刻,V_{DD} 仍大于逻辑 V_{UVLO-},芯片依旧保持正常工作状态;当 V_{DD} 下降至 V_{UVLO-} 时,芯片停止工作,输出信号变为低电平。前端保护模块用于实时监控内部电源滤波电路(Regulator)中的一路输出电压 V_{DD2},当 Regulator 的输出 V_{DD2} 瞬时产生波动时,保护模块输出高电平,将

COMP 的输出拉至低电平,芯片的输出即为低电平信号;反之,芯片进入正常工作状态。

在上述整个工作过程中,各级电路均利用实时保护机制,对每一级电路产生的噪声或可能造成的误操作进行监控,同时为了避免电源电压的波动给各个模块带来影响,在电源管理模块中设计出三种独立电源为各模块单独供电,使整个芯片的安全运行可以得到实时的保障。

3.2.2　光电耦合器的特性指标

由于目前市场上的光电耦合器种类繁多,有的突出响应速度的快慢,有的强调驱动能力的强弱,但都未将速度、驱动能力以及降噪能力等关键指标统一考虑,本书基于这些需求,设计了这款集成度高且能同时达到多项关键指标的光电耦合器。

光电耦合器的特性指标分为以下四部分,分别是输入、输出、传输以及隔离特性指标。根据本书的设计需求,对于高速响应的特点,主要通过输入特性和传输特性中的指标来完成;对于强驱动能力,则利用输出特性来实现;在噪声抑制方面,主要表现在隔离特性的指标上。

(1) 输入特性指标——正向工作电流

正向工作电流(I_F)指的是,在光电耦合器的输入端给 LED 加正向偏压形成的电流,该电流驱动 LED 产生光子并有光线输出。不同的发光二极管,允许流过的最大电流是不一样的。

(2) 输出特性指标——输出电流

光电耦合器的输出特性实际上指的是由其内部的 MOS 阵列产生的驱动电流的带载能力。以本书所要设计的强驱动能力为目标,从光电检测阵列进行光电转换开始,在整个信号通路上设计输出端的输出电流,通常用其最大值 I_{OH} 和最小值 I_{OL} 来表示。

(3) 传输特性指标——上升(下降)时延、电流传输比

传输特性主要是用上升传输时延(T_{PLH})、下降传输时延(T_{PHL})、上升时间(t_r)、下降时间(t_f)以及电流传输比(CTR)来衡量。T_{PLH} 指的是输入上升沿到输出上升沿的传输延迟时间,T_{PHL} 指输入下降沿到输出下降沿的传输延迟时间,t_r 指输出的稳定值从 10% 上升到 90% 所需的时间,同理,t_f 是指输出的稳定

值从 90％下降到 10％所需的时间,其示意图如图 3.10 所示。

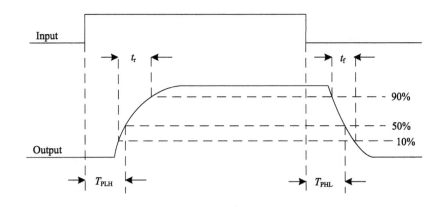

图 3.10　传输特性示意图

CTR 指的是光电耦合器输出电流与输入电流的比值,可理解为光耦的增益。对于本书设计的光耦来说,其 CTR 具有良好的线性度,当 I_F 很小时,CTR 的数值几乎不变,当 I_F =5 mA 时,光电耦合器的 CTR 最高可达 400％。

(4) 隔离特性指标

光电耦合器的隔离作用是通过传输媒质的改变而实现的。通常情况下的电路系统或光学系统从始至终都是采用单一的电子或光子进行信号传输的,而光电耦合器则利用光来传输电信号,所以在理论上消除了电信号的反馈与干扰,芯片的稳定性就会提高。而且由于 LED 和光电二极管之间的耦合电容很小(2 pF 左右),可耐高电压(2.5 kV 左右),且光耦的输入内阻非常小,当前端电网含有大量噪声时,这些噪声就会被短接。所以可以利用光电耦合器构建的照明系统,其在保证电气特性不受损的同时还兼顾了良好的隔离效果。根据绿色照明系统的实际应用需求,可进一步定制规范的光电耦合器的各项性能指标。

由于光电耦合器分为光发射和光接收两部分,一般是按照独立芯片进行设计后再统一封装,从而形成光电耦合功能。本书所设计的光电耦合器整体性能指标如表 3.2 所示。

表 3.2　光电耦合器电气特性设计指标

参　数	说　明	测试条件	产品设计规格			单位
			Min.	Typ.	Max.	
V_{DD}	工作电压		13	—	40	V
I_{DD}	工作电流		—	2.7	—	mA
I_F	输入电流		2	10	50	mA
I_{OH}	输出电流	$V_{DD}-V_{OUT}=2.5\ V$	—	1.96		A
I_{OL}		$V_{OUT}-V_{SS}=2.5\ V$		2.2		
$R_{DS(OH)}$	输出阻抗	$V_{DD}=30\ V,\ I_{OH}=2.5\ A$		1.4		Ω
$R_{DS(OL)}$		$V_{DD}=30\ V,\ I_{OL}=2.5\ A$		1.2		
V_{UVLO+}	欠压锁存门限值	$V_{OUT}>2.5\ V,$ $I_F=5\ mA$		12.5		V
V_{UVLO-}				11		
V_{HYS}	欠压锁存迟滞值				1.5	
T_{PLH}	延迟时间	$V_{DD}=30\ V,$ $I_F=5\ mA,$ $R_L=20\ Ω,$ $C_L=10\ nF$	205	210	265	ns
T_{PHL}			130	150	170	
t_r	输出上升时间		—	15	—	ns
t_f	输出下降时间		—	15	—	

注:除非特殊说明,温度范围在$-40℃\sim125℃$

通常在没有光入射的情况下,光电检测阵列会有一定的电流输出,称为探测器的暗电流。与此同时,在光电耦合器正常工作的过程中,会有各种噪声的干扰产生,主要包括白噪声、g-r噪声和$1/f$噪声。如何通过电路设计的方法对这些噪声进行抑制和消除,这些内容将会在本书的最后一部分进行详细的分析和研究。

3.2.3　光电耦合器的设计方法与步骤

光电耦合器的设计工作主要分为两大部分,第一就是选择一个合适的发射端,用以产生光信号;第二就是在接收端合理设计光接收部分,从而完成接收单元里从光子入射到强驱动电流输出的信号处理过程。本书选择红外发光管作为光发射的基本器件,如图 3.11(a)表示的即为光发射端的基本电路结构。这个发光二极管电路虽然很简单,但在实际应用中并不可靠。原因是 LED 自身的寄生电容在工作状态下会储存电荷,当输入回路没有电流时,由于电容的储能作用,LED 会继续发光,从而产生如图 3.11(b)中所示的输出波形拖尾现象。

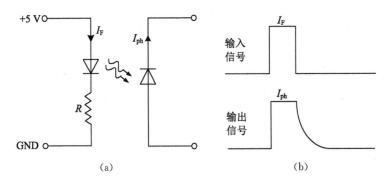

图 3.11　光发射与接收工作原理图

在实际应用中为了消除光信号下降沿过长的问题,采用了一个 MOS 管接在发光二极管的正极和负极,当输入端没有外加电源,使能端置于高电平,开启 M_1 短结 LED,这样 LED 的正负极间电荷就会互相抵消,其输出信号就会产生比较理想的下降沿。

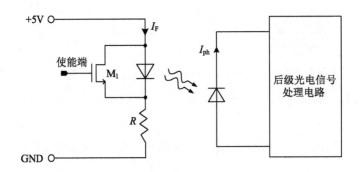

图 3.12　LED 实际应用电路

在对光电耦合器的设计过程中,其输入端主要在工艺厂完成 LED 的构建,那么后级输出端的设计就变得至关重要。根据图 3.9 所示的系统内部结构图可以看出,整个光电耦合器的设计难点是在光接收部分以后的各级电路上。所以根据实际需求构建出光接收端的电路结构如图 3.13 所示。

图 3.13 中所示的接收部分电路结构主要包含光电信号前端处理部分、时序调整模块以及后端驱动部分。光电信号前端处理由 PD、TIA、AMP、COMP 组成。PD 接收到 LED 发射的光子后,将其转化为 I_{ph},I_{ph} 流入具有差分结构的 TIA 后将 I_{ph} 转化为电压信号。由于前级的 I_{ph} 信号幅度很小,极易被噪声淹没,

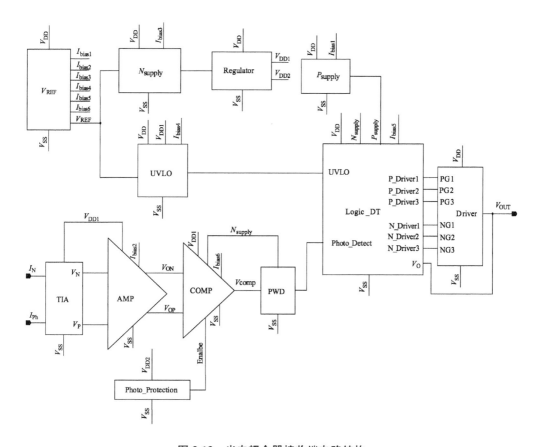

图 3.13　光电耦合器接收端电路结构

所以需要将这两组电压接入后级电路进行放大、比较,最后输出比较后的逻辑电平。

　　为了保证整体芯片的时序正确,并且保证后级驱动电路的正常工作,此时将比较器的输出 V_{COMP} 进行时延调整,调整后的电压 V_{PWD} 即可进入后级逻辑模块,从而为后级的驱动电路分别产生 PMOS 阵列和 NMOS 阵列的驱动电流。

　　依据上述设计流程,本书分别按照高速、强驱动以及自降噪的设计指标,针对光电信号处理的各部分进行设计与研究。在前端处理部分,主要考虑解决系统的响应速度问题,在后端驱动部分主要解决的是整片的驱动能力问题,各级电路中间分别设计了降噪电路和实时保护电路为芯片的正常稳定工作提供保障,最后在版图的整体布局中也为抑制噪声做了大量的工作。

3.3 本章小结

　　本章在详细阐明了光电耦合器物理结构的基础上,重点分析了光电耦合器的重要组成部分及其工作原理,对光电耦合器的系统结构进行了详细的设计与研究,同时引入本书的设计方法和步骤,为后续章节做准备。

　　为了更加高效地实现绿色照明系统,本书将光电耦合器划分为光发射、光接收、光电信号处理、电源管理以及驱动这 5 个重点模块,围绕着光耦的 4 个性能指标提出本书所设计的各项特性。同时,将光接收部分以后的电路设计工作作为本书的重点研究内容,构建出光电耦合器接收端的电路结构,并将该结构划分为光电信号处理模块、时序调整模块以及后端驱动模块,依据此设计思路,后续章节分别以响应速度、驱动能力以及降噪特性为研究目标,以信号处理为流程,在光电信号处理前端、中间级以及后端对光电耦合器的主要性能进行设计,确保所设计的光电耦合器在响应速度、驱动以及内部降噪方面具有更强的优势。

第四章

高速响应的实现方法研究

近年来,光电技术飞速发展,光电耦合器已广泛应用于电力电子、航空航天以及绿色照明等诸多领域,并且已经渗透到日常生活的各个方面。对于光电耦合器芯片而言,无论是早期完成控制功能的单纯应用,还是现在对综合能力特性的不断追求,响应速度和驱动能力已经成为制约其发展的瓶颈。因此,对于响应速度快、驱动能力强的光电耦合器芯片来说,对其综合功能的研制与开发就成为高性能光电耦合器研制过程中最具挑战性的问题。

光电检测阵列作为光电转换的第一级模块,其性能的好坏直接影响着整个光电耦合器的传输速率以及后级的电路性能。光电检测阵列的主要物理机制是吸收光子产生电子。因此,构建一个高速响应、性能稳定的光电检测阵列就显得尤为重要。本章 4.1 节针对这一问题,详细地对光电检测阵列的响应速度进行了分析,利用某公司 $0.35\ \mu m\ 5\ V/20\ V/40\ V$ BCD 工艺设计并实现了一款能够在全温度范围内高速工作的光电耦合器芯片。

光电耦合器的响应速度不仅取决于光电转换过程中的响应时间,后级的光电信号处理电路同样会产生相应的时延,由于光电耦合器共包含十三个电路模块,所以各级的时延差以及信号处理过程中时延的分配显得非常重要。本章 4.2 节从理论的角度分析了 PD 的响应速度以及光电流的计算模型。为了实现高速响应的特性,4.3 节详细阐述了高速响应的全新架构以及实现该架构的关键电路,通过仿真和实测结果可以看出,在使用了本书所设计的高速光电检测模块后,从光电流产生到电压输出,芯片总的响应时间得到了很大的提高,电路易于实现,进一步降低了成本。

4.1 光电检测的基本理论

光电检测的主要功能就是将光能转换成电能,即吸收入射光子产生光电流信号。光电检测阵列利用过剩的电子-空穴对形成光生载流子来改变半导体的电阻率,这样就构成了最简单的光学检测器。光电二极管就是通过在普通的二极管上加反向偏置电压形成光电探测功能的。当半导体材料吸收光子后,电子-空穴对就会在空间电荷区被激发出来,它们在I区电场的作用下,快速移动到光电二极管的两端,从而产生光电流。在光电耦合器芯片的设计过程中,上述光电流即为光电检测阵列的输入电流,该光电流作为光电耦合器芯片接收端的输入信号流经跨阻放大器后,即可产生电压信号。

4.1.1 光电转换原理

在研究光电转换理论时,首先以一个均匀的 N 型半导体为例对光电导体进行理论分析,当光线均匀入射到表面时,由于光子激发,原来的载流子平衡状态被打破,如图 4.1 所示的是一个两端具有欧姆接触的半导体材料。

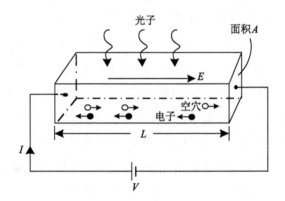

图 4.1 偏压状态下光电导示意图

在其两端加上电压,平衡状态下的电导率即为:

$$\delta_0 = e(\mu_n n_0 + \mu_p p_0) \tag{4-1}$$

其中,μ_n 为电子迁移率,μ_p 为空穴迁移率,假设在热平衡状态下,n_0 即为电子浓度，p_0 则是空穴浓度，e 是电子电荷。当有光子入射时，该半导体中就会产生过剩载流子，则电导率就变为：

$$\delta = e[\mu_n(n_0 + \delta_n) + \mu_p(p_0 + \delta_p)] \qquad (4\text{-}2)$$

δ_n 和 δ_p 分别是过剩电子和空穴浓度，且 $\delta_n \equiv \delta_p$，则使用 δ_p 作为过剩载流子的浓度。稳态条件下，$\delta_p = G_L \tau_p$，其中 G_L 是过剩载流子的产生率（$cm^{-3} \cdot s^{-1}$），τ_p 是过剩的少数载流子的寿命。

由此可知，式(4-2)可写为：

$$\delta = e(\mu_n n_0 + \mu_p p_0) + e\delta_p(\mu_n + \mu_p) \qquad (4\text{-}3)$$

由光辐射引起的电导率的变化（也称光电导率）为：

$$\Delta\delta = e\delta_p(\mu_n + \mu_p) \qquad (4\text{-}4)$$

在图 4.1 中，电子和空穴的电流密度仅由漂移电流决定。所以，在外加电场的作用下，此时的电流密度为：

$$I = (I_0 + I_L) = (\delta_0 + \Delta\delta)E \qquad (4\text{-}5)$$

式(4-5)中，I_0 是激发前的电流密度，I_L 是光电流密度，且 $I_L = \Delta\delta E$。则生成的 I_{ph} 为：

$$I_{ph} = I_L \cdot A = \Delta\delta EA = eG_L \tau_p(\mu_n + \mu_p)AE \qquad (4\text{-}6)$$

由式(4-6)可见，I_{ph} 与过剩载流子的产生率成正比，过剩载流子的产生率又与入射光强度成正比。理论上，假定半导体内过剩载流子的产生率是一致的，则在横截面积上对光电导率进行积分即可得到光电流。$\mu_n E$ 是电子漂移速度，那么电子通过长度为 L 的光电导的时间即为：

$$t_n = \frac{L}{\mu_n E} \qquad (4\text{-}7)$$

联立式(4-6)和式(4-7)，则光电流可表示为：

$$I_{ph} = eG_L\left(\frac{\tau_p}{t_n}\right)\left(1 + \frac{\mu_p}{\mu_n}\right)AL \qquad (4\text{-}8)$$

由此可见，I_{ph} 的强弱与 e、载流子浓度成正比，载流子迁移速度越快，光电流的值越高。这种光电效应的持续过程相当于载流子平均寿命的时间。随着光照的减弱,光电流会以指数形式衰减一段时间,直至变为零。

4.1.2 光电检测阵列

光电检测阵列是以光电二极管为基本单元,由多个光电二极管级联在一起构建的光接收模块,当光子射入光接收模块的有效面积上时,光电流就随之产生。所以,在研究光电检测阵列前,首先应该深入了解一下光电二极管的工作模式。

通常情况下,当系统用于检测频率较低的信号时,PD 工作在光电压模式;当系统用于检测敏感信号时,PD 工作在光电导模式。当 PD 处于反向偏压状态下,其反偏状态和载流子分布如图 4.2 所示。假设整个器件中的过剩载流子产生率一致。图 4.2(a)是加反偏电压的光电二极管,图 4.2(b)是光照之前反偏结中的少数载流子分布。

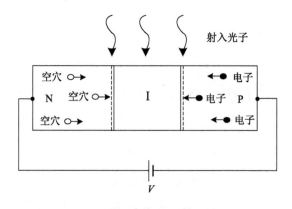

（a）反向偏压 PN 结

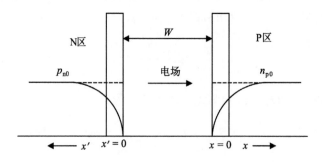

（b）反偏 PN 结中少数载流子浓度

图 4.2　反向偏置下的 PN 结状态

当光子入射后,在电场的作用下,过剩载流子中的电子穿过耗尽区进入 N 区,空穴则进入 P 区,空间电荷区所产生的光电流密度是:

$$I_{L_1} = e \int G_L \mathrm{d}x \tag{4-9}$$

式(4-9)中 G_L 是过剩载流子的产生率。对整个空间电荷区宽度进行积分,假设 G_L 为常数,则有:

$$I_{L_1} = e G_L W \tag{4-10}$$

W 即为空间电荷区的宽度。在 PN 结内部,I_{L_1} 是瞬时电流,与反向偏置电压同向。

在光电二极管的中性区中也有过剩载流子产生,P 区中的过剩的少数载流子电子的分布可由双极输运方程得到:

$$D_n \frac{\partial^2 (\delta n_p)}{\partial x^2} + G_L - \frac{\delta n_p}{\tau_{n0}} = \frac{\partial(\delta n_p)}{\partial t} \tag{4-11}$$

假设中性区的电场为零,在稳态下,$\frac{\partial(\delta n_p)}{\partial t} = 0$,则式(4-11)可写为:

$$\frac{\partial^2 (\delta n_p)}{\partial x^2} - \frac{\delta n_p}{L_n^2} = -\frac{G_L}{D_n} \tag{4-12}$$

其中:$L_n^2 = D_n \tau_{n0}$。解式(4-12)可得,P 区中的过剩电子浓度为:

$$\delta n_p = A e^{-x/L_n} + G_L \tau_{n0} \tag{4-13}$$

在反偏结处,即 $x = 0$ 处总电子浓度为零,则过剩电子浓度为:

$$\delta n_p = -n_{p0} \tag{4-14}$$

在式(4-14)给出的边界条件下,式(4-13)的电子浓度变为:

$$\delta n_p = G_L \tau_{n0} - (G_L \tau_{n0} + n_{p0}) e^{-x/L_n} \tag{4-15}$$

同理,用 x' 代替 x,即可得到 N 区中过剩载流子的空穴浓度为:

$$\delta p_n = G_L \tau_{p0} - (G_L \tau_{p0} + p_{n0}) e^{-x'/L_p} \tag{4-16}$$

式(4-15)和式(4-16)的状态如图 4.3 所示,可见远离空间电荷区的稳态值与前面给出的稳态值一致。

在 PN 结中,少子的浓度差会促使扩散电流产生。所以在 $x = 0$ 处,由少子

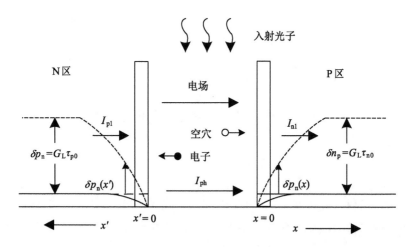

图 4.3　光生的少数载流子浓度与 PN 结中的光电流

电子产生的扩散电流密度为：

$$I_{n1} = eD_n \frac{\mathrm{d}(\delta n_p)}{\mathrm{d}x}\bigg|_{x=0} = eD_n \frac{\mathrm{d}}{\mathrm{d}x}\left[G_L\tau_{n0} - (G_L\tau_{n0} + n_{p0})\mathrm{e}^{-x/L_n}\right]\bigg|_{x=0}$$

$$= \frac{eD_n}{L_n}(G_L\tau_{n0} + n_{p0}) \tag{4-17}$$

式(4-17)中的第一项是稳态光电流密度，第二项是少子电子产生的理想反向饱和电流密度。同理，在 $x'=0$ 处，少子空穴沿 x 方向产生的扩散电流密度为：

$$I_{p1} = eG_L L_p + \frac{eD_p p_{n0}}{L_p} \tag{4-18}$$

与式(4-17)同理，式(4-18)中的第一项是稳态光电流密度，第二项是少子空穴产生的理想反向饱和电流密度。根据式(4-10)、式(4-17)和式(4-18)可得，对于光电二极管整体而言，稳态二极管光电流密度可表示为：

$$I_{ph} = eG_L W + eG_L L_n + eG_L L_p = e(W + L_n + L_p)G_L \tag{4-19}$$

光电流的方向在光电二极管内是沿反偏电压方向的。由于光电流是少子向 I 区扩散所产生的，因此在整个光电流的成分中 I_{n1} 的响应时间相对较慢。

4.2　响应速度分析

4.2.1　光电检测阵列的响应速度

光电检测阵列主要完成的是光电转换的任务,产生的光电流 I_{ph} 与入射光功率 P 之间的关系满足光电特性函数,即 $I_{ph}=f(P)$。该关系表征了光电检测能量转换的规律,其确定的关系式需要在理论计算的基础上,根据实际测试结果确定出来。本节首先介绍响应度的概念,以此为基础,通过光电二极管的等效模型对光电检测阵列的响应时间以及光电流进行理论分析。

(1) 响应度

响应度也称为灵敏度,是光电检测阵列在进行光电转换时的量度,也是表征光电转换、光谱特性以及频率特性的重要指标。在实际应用中,响应度是衡量光电检测工作性能的关键指标之一,可表达为 I_{ph} 与入射光功率 P 的比值:

$$R = \frac{I_{ph}}{P} \tag{4-20}$$

根据量子效率的定义可得:

$$\eta = \frac{\dfrac{I_{ph}}{q}}{\dfrac{P}{h\nu}} \tag{4-21}$$

由式(4-20)和式(4-21)可以得到响应度的公式为:

$$R = \eta \frac{q}{h\nu} = \eta \frac{q\lambda_0}{hc} \tag{4-22}$$

式(4-22)中 η 是量子效率, q 为电子电荷, $h\nu$ 是光子能量。在实际工作中,响应度与入射光波长 λ_0 有直接关系,对于不同材料制造的光电二极管,其光谱也是不一样的。在整个光谱中,波长在 $400\sim760$ nm 之间就是通常所说的可见光,大于 780 nm 的为红外光,本书中所使用的光电二极管的响应度曲线如图 4.4 所示。

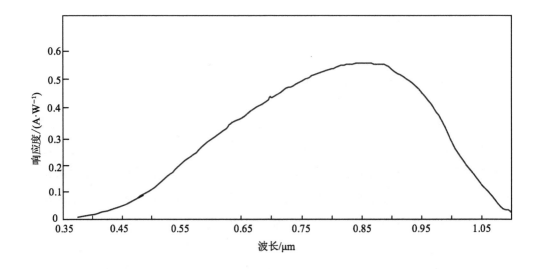

图 4.4　光电二极管的响应度曲线

图 4.4 中纵轴表示响应度,横轴是入射光波长。在理想状态下,光电探测器的量子效率为 100%,在理论上可以认为从 LED 发射出来的每一个光子,在射入 PD 后都能产生一个电子-空穴对。而在实际应用中,每种材料都会存在固有的最大吸收波长,本书所设计的光电耦合器采用图 3.6 所示的垂直共面结构,即发射端 LED 放置在 PD 的正上方,这样可以增加耦合效率(Coupling Efficiency)。以硅作为制造光电探测器的材料,其吸收峰值大约在 850 nm,其理论响应度约为 0.5 A/W。在实际工程设计中,虽然 PD 在 LED 的正下方,LED 发出的红外光并非所有都直接射入光电检测阵列,本书的 LED 与 PD 之间在竖直方向上有 8°的偏移角。

本书用 PIN 管构建 PD,所以对于 I 区较长的 PD 单元来说,其距离光接收表面较深。当入射光子还未到达 I 区时,就已被 P 区吸收并产生载流子。因此,在这种状态下,直接生成光电流的可能性极低,响应度就变得很小。

相对于波长较长的入射光线而言,其入射光子的穿透性较好,在 I 区内的大部分区域可以产生 I_{ph},因此,可以采取掺杂的方法来提高其响应度。一般可以提高反向偏置电压从而增大耗尽区的深度,也可以采用高阻率衬底或外延,从而满足对应的入射深度,以便提高器件对长波段光线的响应度。所以,为了充分利用检测器的光谱范围,应选择与入射光功率谱匹配的检测单元。

(2)响应时间理论计算

对于光电检测阵列而言,限制其响应速度的因素主要有三个,即载流子的扩散时间($T_{\text{diffusion}}$)、耗尽区内的漂移时间(T_{drift})以及结电容的响应时间(T_{RC})。这三个过程中速度最慢的就是载流子扩散到强电场所需的时间,为了减小其影响,必须在耗尽区或者靠近耗尽区产生载流子。而漂移时间是载流子要穿越耗尽区并脱离器件本身所需的时间。

通常情况下,在外加反向偏压的作用下,载流子会以最快的速度完成穿越耗尽层的工作,所以这段时间对系统的整体响应速度影响较小。而结电容响应时间则是由光电探测器中寄生的 RC 常数(R 为负载电阻)决定的,而这个常数可以通过选定的工艺设计确定出来。所以,为了提高探测器的响应速度,渡越时间通常设计成与 RC 时间常数可比拟的量级。

为了方便分析光电二极管的响应时间,本书将 PD 等效为一个理想电流源与二极管的并联回路,通过该等效电路,可以推导出影响 PD 的响应时间的三个因素,分别是 T_{RC}、$T_{\text{diffusion}}$ 以及 T_{drift},具体的等效电路如图 4.5 所示。

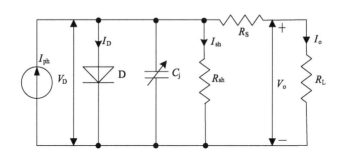

图 4.5　光电二极管等效模型

T_{RC} 是由 PD 的结电容和 R_{L} 决定的,表达式如下:

$$T_{\text{RC}} = 2.2 \times C \times R_{\text{L}} \tag{4-23}$$

式(4-23)中,$C = C_{\text{j}} + C_{\text{s}}$,其中,$C_{\text{j}}$ 是二极管的结电容,C_{s} 是 PN 结的杂散电容。所以,为了减小 T_{RC} 的值,在设计之初应尽可能减少结电容以及杂散电容的大小。结电容 C_{j} 正比于受光面积的大小,反比于耗尽层深度的 2~3 次方。

由于耗尽层的深度正比于衬底材料的电阻率,反比于反向偏压的电压值,所以,C_{j} 满足如下关系式:

$$C_{\mathrm{j}} = \frac{\xi_{\mathrm{Si}}\xi_0 A}{\sqrt{2\xi_{\mathrm{Si}}\xi_0\mu\rho(V_{\mathrm{D}}+V_{\mathrm{Si}})}} = A\sqrt{\frac{\xi_{\mathrm{Si}}\xi_0}{2\mu\rho(V_{\mathrm{D}}+V_{\mathrm{Si}})}} = \frac{\xi_{\mathrm{Si}}\xi_0 A}{W_{\mathrm{d}}} \qquad (4\text{-}24)$$

式(4-24)中，ρ 是硅材料的电阻率。硅的内建电场电压为 V_{Si}，V_{D} 是偏置电压，耗尽层宽度 $W_{\mathrm{d}} = \sqrt{2\xi_{\mathrm{Si}}\xi_0\mu\rho(V_{\mathrm{D}}+V_{\mathrm{Si}})}$。自由空间的介电常数 $\xi_0 = 8.854\times10^{-14}$ F/cm，硅材料的介电常数 $\xi_{\mathrm{Si}} = 11.9$，电子的传输速度 $\mu = 1.4\times10^3$ cm^2/(V·s)。通过式(4-24)可以看出，为了进一步缩小 T_{RC}，可以通过提高 V_{D} 和 ρ 的值来实现。

$T_{\mathrm{diffusion}}$ 指的是由于载流子在耗尽区外的扩散运动所产生的时延，一般是由未进入到耗尽区的光子产生的部分延迟，由于扩散运动远远小于漂移运动，所以 $T_{\mathrm{diffusion}}$ 对器件的总体响应速度影响较小。但在耗尽层外的光生载流子以不同的路径到达耗尽区，所以这会导致器件的整体响应产生拖尾现象。具体表达式为：

$$T_{\mathrm{diffusion}} = \frac{d^2}{2D_{\mathrm{p}}} \qquad (4\text{-}25)$$

T_{drift} 是光生载流子在耗尽区内漂移所产生的时延，该时延与二极管两端电压 V_{D} 和载流子传输速率 μ 成反比，与耗尽区宽度 W_{d} 成正比，其具体形式可表示为：

$$T_{\mathrm{drift}} = \frac{W_{\mathrm{d}}}{V_{\mathrm{D}}} \qquad (4\text{-}26)$$

由式(4-26)可知，可以通过减少载流子在耗尽区的穿越距离，以及提高反向偏压来减少 T_{drift} 的值。

由此可见，从入射光子射入光电二极管到光电检测阵列产生光电流的这个过程，所需的时间可用下式表达：

$$T = \sqrt{T_{\mathrm{drift}}^2 + T_{\mathrm{diffusion}}^2 + T_{\mathrm{RC}}^2} \qquad (4\text{-}27)$$

本书所选取的模型具备了深耗尽区的特点，所以入射光在耗尽区外产生的载流子数量将大大减少，这样也会使结电容变得很小，因此载流子在耗尽区内的漂移时间也很小。所以，通过本模型的设计可以大大降低光电检测模块的响应时间。

4.2.2　光电流计算理论分析

为了更加深入地理解光电耦合器在光子照射下光生电流的大小,本节从载流子模型入手,通过入射光功率推导光电流的大小,根据 Yariv 的载流子电流模型可知,光电流可表达为:

$$I_{ph}(t) = \frac{qv(t)}{d} \tag{4-28}$$

其中,$v(t)$ 是载流子的漂移速度,d 是两个电极之间的距离。当大量的电子空穴对被光子激发出来后,这些载流子就产生了漂移、扩散和相互结合的运动。所以,可以推算出入射的光能为:

$$
\begin{aligned}
P_{in}(t) &= I(t)V(t) = [I_D + i(t)][V_D - i(t)R] \\
&= I_D V_D + i(t)V_D - I_D i(t)R - i^2(t)R
\end{aligned} \tag{4-29}
$$

式(4-29)中电流表示为 $I_D + i(t)$。I_D 是暗电流,V_D 是耗尽层两端的电压降,可写为:

$$V_D = V_S + V_{in} - I_D R \tag{4-30}$$

电源电压是 V_S,内建电压为 V_{in}。光电检测阵列内部吸收的输入光能,可以用焦耳热的形式表达,则式(4-29)变为:

$$P_{in}(t) = A \int_0^L dx \left(J_C(x, t)E(x, t) + \frac{\partial}{\partial t}\left[\frac{1}{2}\varepsilon E^2(x, t) \right] \right) \tag{4-31}$$

式中,$J_C(x, t)$ 是总的电流传导密度,$E(x, t)$ 是内部电场,A 是 PD 的有效受光面积,ε 是材料的介电常数。由于总的电流传导密度由暗电流和光电流组成,所以:

$$J_C(x, t) = J_D + j_C(x, t) \tag{4-32}$$

同理,内部电场可以用均匀场 E_D 和内建电场 $E_{in}(x, t)$ 表示为:

$$E(x, t) = E_D + E_{in}(x, t) \tag{4-33}$$

将式(4-32)和式(4-33)代入式(4-31)可得:

$$P_{in}(t) = A \int_0^L dx \left([J_D + j_C(x, t)][E_D + E_{in}(x, t)] + \right.$$

$$\left. \frac{\partial}{\partial t} \left\{ \frac{1}{2}\varepsilon \left[E_D + E_{in}(x, t) \right]^2 \right\} \right) \tag{4-34}$$

其中 $E_D = \dfrac{V_D}{L}$ 并且 $I_D = A J_D$。设边界条件为：$\int_0^L dx E_{in}(x, t) = -i(t)R$，得：

$$P_{in}(t) = I_D V_D - I_D i(t)R + \frac{V_D A}{L} \int_0^L dx j_C(x, t) - V_D C R \frac{\partial}{\partial t} i(t)$$

$$+ A \int_0^L dx \left[j_C(x, t) + \varepsilon \frac{\partial}{\partial t} E_{in}(x, t) \right] \times E_{in}(x, t) \tag{4-35}$$

其中 C 是本征层的电容，用 $C = A\varepsilon/L$ 表达。从电荷连续方程以及泊松公式可以得到光子激发的多子电荷为 $\rho(x, t) = q[p_L(x, t) - n_L(x, t)]$，由此可得：

$$\frac{\partial}{\partial t}\rho(x, t) + \frac{\partial}{\partial t}j_C(x, t) = 0 \tag{4-36}$$

$$\rho(x, t) = \varepsilon \frac{\partial}{\partial x}[E_{in}(x, t)] \tag{4-37}$$

将上面两式合并,可得：

$$\frac{\partial}{\partial x}\left[\varepsilon \frac{\partial}{\partial t}E_{in}(x, t) + j_C(x, t) \right] = 0 \tag{4-38}$$

通过式(4-38)可以看出,由于光子产生的光电流被分为本征层的位移电流和传导电流。其电流值的大小与位置无关。

$$i(t) = A \left[\varepsilon \frac{\partial}{\partial t}E_{in}(x, t) + j_C(x, t) \right] \tag{4-39}$$

将式(4-39)代入式(4-29)的右边,可得：

$$P_{in}(t) = I_D V_D - I_D i(t)R + \frac{V_D A}{L} \int_0^L dx j_C(x, t) \tag{4-40}$$

对比式(4-40)和式(4-29)并两边同时除以 V_D，即可得到：

$$i(t) + CR \frac{\partial}{\partial t}i(t) = \frac{A}{L} \int_0^L dx j_C(x, t) - V_D C R \frac{\partial}{\partial t}i(t) - i^2(t)R \tag{4-41}$$

式(4-41)左边第二项即为 RC 时延,由于本节重点分析光电二极管内部的响应速度,所以这一项忽略不计,则变为:

$$i(t) = \frac{A}{L} \int_0^L \mathrm{d}x j_{\mathrm{C}}(x, t) \tag{4-42}$$

PD 在反偏状态下,光生电子和空穴向相反的方向漂移,电子和空穴的双极输运过程就会被压制。光生电流密度由电子和空穴的浓度 $p_{\mathrm{L}}(x, t)$ 和 $n_{\mathrm{L}}(x, t)$ 决定,可表示为:

$$j_{\mathrm{C}}(x, t) = q v_{\mathrm{ps}} p_{\mathrm{L}}(x, t) - q D_{\mathrm{p}} \frac{\partial}{\partial x} p_{\mathrm{L}}(x, t) +$$

$$q v_{\mathrm{ps}} n_{\mathrm{L}}(x, t) - q D_{\mathrm{n}} \frac{\partial}{\partial x} n_{\mathrm{L}}(x, t) \tag{4-43}$$

将式(4-43)代入式(4-42)中,可得:

$$i(t) = \frac{Aq}{L} \left[v_{\mathrm{ps}} \int_0^L \mathrm{d}x p_{\mathrm{L}}(x, t) + v_{\mathrm{ns}} \int_0^L \mathrm{d}x n_{\mathrm{L}}(x, t) \right] +$$

$$\frac{Aq}{L} \left[D_{\mathrm{p}} p_{\mathrm{L}}(0, t) - D_{\mathrm{p}} p_{\mathrm{L}}(L, t) - D_{\mathrm{n}} n_{\mathrm{L}}(0, t) + D_{\mathrm{n}} n_{\mathrm{L}}(L, t) \right]$$

$$\tag{4-44}$$

由于电子和空穴的连续方程为:

$$\frac{\partial}{\partial t} p(x, t) = -\frac{p(x, t) - p_0(x, t)}{\tau_{\mathrm{p}}} - \frac{\partial}{\partial x} \left[v_{\mathrm{p}}(x, t) p(x, t) \right] +$$

$$D_{\mathrm{p}} \frac{\partial^2}{\partial x^2} p(x, t) + g_{\mathrm{L}}(x, t) \tag{4-45}$$

$$\frac{\partial}{\partial t} n(x, t) = -\frac{n(x, t) - n_0(x, t)}{\tau_{\mathrm{n}}} + \frac{\partial}{\partial x} \left[v_{\mathrm{n}}(x, t) n(x, t) \right] +$$

$$D_{\mathrm{n}} \frac{\partial^2}{\partial x^2} n(x, t) + g_{\mathrm{L}}(x, t) \tag{4-46}$$

其中,p_0 和 n_0 是平衡浓度,τ_{p} 和 τ_{n} 是多子时延,g_{L} 是载流子生成率,v_{p} 和 v_{n} 分别是电场中空穴和电子的漂移速度。在强电场的反偏状态下,v_{p} 和 v_{n} 保持固定的饱和速度,可以看出式(4-45)和式(4-46)彼此线性,电子和空穴相互独立运动。

此时，$p(x,t)$ 和 $n(x,t)$ 分成两部分，一部分是暗电流成分，另一部分是光生电流成分，依次表示为：

$$p(x,t) = p_{\mathrm{D}}(x,t) + p_{\mathrm{L}}(x,t) \tag{4-47}$$

$$n(x,t) = n_{\mathrm{D}}(x,t) + n_{\mathrm{L}}(x,t) \tag{4-48}$$

其中，$\partial p_{\mathrm{D}}(x,t)/\partial t = 0$，$\partial n_{\mathrm{D}}(x,t)/\partial t = 0$，$g_{\mathrm{L}}(x,t) = 0$，$v_{\mathrm{p}}(x,t) = v_{\mathrm{ps}}$，$v_{\mathrm{n}}(x,t) = v_{\mathrm{ns}}$，因此，$\dfrac{\partial}{\partial t}p(x,t)$ 和 $\dfrac{\partial}{\partial t}n(x,t)$ 也可以表达成：

$$\left(\frac{\partial}{\partial t} + \frac{1}{\tau_{\mathrm{p}}} + v_{\mathrm{ps}}\frac{\partial}{\partial x} - D_{\mathrm{p}}\frac{\partial^2}{\partial x^2}\right)p_{\mathrm{L}}(x,t) = g_{\mathrm{L}}(x,t) \tag{4-49}$$

$$\left(\frac{\partial}{\partial t} + \frac{1}{\tau_{\mathrm{n}}} - v_{\mathrm{ns}}\frac{\partial}{\partial x} - D_{\mathrm{n}}\frac{\partial^2}{\partial x^2}\right)n_{\mathrm{L}}(x,t) = g_{\mathrm{L}}(x,t) \tag{4-50}$$

当电极处的表面结合速度很大时，上面两式可以通过格林公式解为：

$$p_{\mathrm{L}}(x,t) = \int_{-\infty}^{\infty}\mathrm{d}t'\int_{-\infty}^{\infty}\mathrm{d}x' G_{\mathrm{p}}(x,t;x',t')g_{\mathrm{L}}(x',t') \tag{4-51}$$

格林公式可表达为：

$$G_{\mathrm{p}}(x,t;x',t') = \mathrm{e}^{-(t-t')/\tau_{\mathrm{p}}}\frac{1}{2\sqrt{\pi D_{\mathrm{p}}(t-t')}}\times$$

$$\exp\{-[x-x'-v_{\mathrm{ps}}(t-t')]^2/[4D_{\mathrm{p}}\times(t-t')]\}\theta(t-t') \tag{4-52}$$

其中 θ 是 Heavisid 单位阶跃函数。当光信号以脉冲形式入射时，载流子的产生率变为：

$$g_{\mathrm{L}}(x,t) = \alpha P\exp(-\alpha x)[\theta(x)-\theta(x-L)]\delta(t) \tag{4-53}$$

式中，α 是耗尽层的光吸收系数，P 是每个单位面积上所激发出的总的光子数目。将 g_{L} 代入 $p_{\mathrm{L}}(x,t)$ 中，可得：

$$p_{\mathrm{L}}(x,t) = \alpha P\mathrm{e}^{-t/\tau_{\mathrm{p}}}\theta(t)\exp[-\alpha(x-v_{\mathrm{ps}}t-D_{\mathrm{p}}\alpha t)]\times$$

$$\frac{1}{2}\left[\mathrm{erf}\left(\frac{L-x+v_{\mathrm{ps}}t+2D_{\mathrm{p}}\alpha t}{2\sqrt{D_{\mathrm{p}}t}}\right)+\mathrm{erf}\left(\frac{x-v_{\mathrm{ps}}t-2D_{\mathrm{p}}\alpha t}{2\sqrt{D_{\mathrm{p}}t}}\right)\right] \tag{4-54}$$

同理可得：

$$n_{\mathrm{L}}(x,\ t)=\alpha P \mathrm{e}^{-t/\tau_{\mathrm{n}}}\theta(t)\exp[-\alpha(x-v_{\mathrm{ns}}t-D_{\mathrm{n}}\alpha t)]\times$$

$$\frac{1}{2}\left[\mathrm{erf}\left(\frac{L-x+v_{\mathrm{ns}}t+2D_{\mathrm{n}}\alpha t}{2\sqrt{D_{\mathrm{n}}t}}\right)+\mathrm{erf}\left(\frac{x-v_{\mathrm{ns}}t-2D_{\mathrm{n}}\alpha t}{2\sqrt{D_{\mathrm{n}}t}}\right)\right]$$

$$(4-55)$$

式(4-54)、式(4-55)中的 erf 代表误差函数。此处将已得到的 $p_{\mathrm{L}}(x,\ t)$ 和 $n_{\mathrm{L}}(x,\ t)$ 计算出来，代入公式即可得到光电流 $I_{\mathrm{ph}}(t)$ 的表达式。将其表达为电子与空穴的形式，即为：

$$I_{\mathrm{ph}}(t)=i_{\mathrm{p}}(t)+i_{\mathrm{n}}(t) \tag{4-56}$$

$$i_{\mathrm{p}}(t)=\frac{AqP}{L}\mathrm{e}^{-t/\tau_{\mathrm{p}}}\theta(t)\left[v_{\mathrm{ps}}F_1(t\,;v_{\mathrm{ps}},\ D_{\mathrm{p}})+(v_{\mathrm{ps}}+D_{\mathrm{p}}\alpha)\times F_2(t\,;\ v_{\mathrm{ps}},\ D_{\mathrm{p}})\right]$$

$$(4-57)$$

$$i_{\mathrm{n}}(t)=\frac{AqP}{L}\mathrm{e}^{-t/\tau_{\mathrm{n}}}\theta(t)\left[v_{\mathrm{ns}}F_1(t\,;\ v_{\mathrm{ns}},\ D_{\mathrm{n}})+(v_{\mathrm{ns}}+D_{\mathrm{n}}\alpha)\times F_2(t\,;\ v_{\mathrm{ns}},\ D_{\mathrm{n}})\right]$$

$$(4-58)$$

式(4-57)和(4-58)中的 $F_1(t\,;v,\ D)$ 和 $F_2(t\,;v,\ D)$ 均为误差函数，光电流的输出表达式跟器件宽度 L 和本征层特性参数(α，v_{ps}，v_{ns}，τ_{p}，τ_{n}，D_{p}，D_{n}) 有关，光电流会随着载流子的结合呈指数形式衰减。如果本征层的吸收系数 α 足够大，那么 $D\alpha$ 相对于 v_{s} 就会变大，那么扩散的影响就不能忽略了。

上述计算光电流的方法虽然很详细，但过于复杂，在实际应用中难以实现，所以此处为了简化上述计算公式，特提出两组条件：

$$\begin{cases}\mathrm{erf}(vt/2\sqrt{Dt})=0, & t>0^+ \\ \exp(-t/\tau_{\mathrm{p}})\approx 1\ \text{且}\ \exp(-t/\tau_{\mathrm{n}})\approx 1, & \mathrm{erf}[(L-vt)/2\sqrt{Dt}]=0\end{cases} \tag{4-59}$$

当没有载流子产生扩散运动并且本征层的多子渡越时间远大于载流子的传输时间时，误差函数的极限满足下式：

$$\lim \mathrm{erf}[(L-vt)/2\sqrt{Dt}]\rightarrow 2\theta(L-vt)-1 \tag{4-60}$$

此时，总的光电流 $i(t)$ 可简化为：

$$i(t) = \frac{AqP}{L}\theta(t)\big[v_{\mathrm{ps}}(1 - e^{a(v_{\mathrm{ps}}t - L)})\theta(L - v_{\mathrm{ps}}t) + \tag{4-61}$$

$$v_{\mathrm{ns}}e^{-aL}(e^{-a(v_{\mathrm{ns}}t - L)} - 1)\theta(L - v_{\mathrm{ns}}t)\big]$$

由于光电二极管对不同波长的入射光线来说，其响应度是不同的，根据图 4.4 可知，本书设计的光电检测模块在波长为 840 nm 时，响应度最大，其值约为 $R = 0.5 \, \mathrm{A/W}$。

为了进一步简化光电流的计算过程，在实际的工程应用中，通过实测可知，当入射光电流为 20 mA 时，全功率 P_{in} 是 1.71 mW。光耦合效率 S 的工程预估范围在 0.05~0.1 之间，所以当光电耦合器输入端的 LED 正常工作时，其正向电流即为实际的入射光 I_{in}，此时光电流可表达为：

$$I_{\mathrm{ph}} = I_{\mathrm{in}} \times \frac{1.71}{20} \times R \times S \tag{4-62}$$

4.2.3 输出电流线性度分析

当入射光功率密度比较小时，PD 的光电流和光功率密度呈线性关系，然而，对于大的光功率密度，光电二极管敏感度下降。对于光电检测阵列使用的 PD 采用半遮半透模式进行工作，在 I_{D} 小于 I_{ph} 的情况下，不考虑各种寄生效应，PD 的输出电流等于光电流，和光照功率密度成正比。当考虑 PD 的寄生效应时，可用其等效电路计算光电二极管输出电流和光电流的关系。假定入射光缓慢变化，忽略寄生电容 C_{d} 和负载电容 C_{L} 的影响，由图 4.5 可知，输出电流为：

$$I_{\mathrm{L}} = I_{\mathrm{ph}} - I_{\mathrm{D}} = I_{\mathrm{ph}} - I_{\mathrm{o}}(e^{\frac{V_{\mathrm{D}}}{U_{\mathrm{T}}}} - 1) \tag{4-63}$$

式中，I_{D} 为等效二极管电流，代表光电二极管暗电流，I_{o} 为等效二极管反向饱和电流，V_{D} 为等效二极管上的正向电压，Si 基 PD 正常工作时，V_{D} 小于 0。T 为温度，U_{T} 为热电压。由式(4-63)可知负载电流是光电流和暗电流之和。将上式中的 V_{D} 用电流和电阻表示，可得：

$$I_{\mathrm{L}} = I_{\mathrm{ph}} - I_{\mathrm{o}}(e^{\frac{(R_{\mathrm{S}} + R_{\mathrm{L}})(I_{\mathrm{L}} - I_{\mathrm{D}}) - R_{\mathrm{d}}I_{\mathrm{D}}}{U_{\mathrm{T}}}} - 1) \tag{4-64}$$

由于 $R_{\mathrm{S}} \ll R_{\mathrm{L}}$ 并假设光电二极管使用时正极接地，上式可写成：

$$I_{\mathrm{L}} = I_{\mathrm{ph}} - I_0 \left(\mathrm{e}^{\frac{R_{\mathrm{L}}(I_{\mathrm{L}} - I_{\mathrm{D}}) - R_{\mathrm{d}} I_{\mathrm{D}}}{U_{\mathrm{T}}}} - 1 \right) \qquad (4\text{-}65)$$

由式(4-65)可知,负载电流 I_{L} 和光电流 I_{ph} 的并非简单的线性关系。负载电流 I_{L} 的值和 R_{L}、I_{D} 的大小有关,且 R_{L} 越小、I_{D} 越大时,I_{L} 就越大。由 PD 的线性公式可知负载电流 I_{L} 相对 I_{ph} 的相对偏差为 $P = (I_{\mathrm{p}} - I_{\mathrm{L}}) / I_{\mathrm{L}}$,将式(4-64)代入可得:

$$P = \frac{(I_{\mathrm{ph}} - I_{\mathrm{L}})}{I_{\mathrm{L}}} = \frac{I_{\mathrm{ph}}}{I_{\mathrm{L}}} - 1 = \frac{I_{\mathrm{ph}}}{I_{\mathrm{ph}} + I_0 \left[1 - \mathrm{e}^{\frac{(R_{\mathrm{S}} + R_{\mathrm{L}})(I_{\mathrm{L}} - I_{\mathrm{D}}) - R_{\mathrm{d}} I_{\mathrm{D}}}{U_{\mathrm{T}}}} \right]} - 1$$

$$(4\text{-}66)$$

相对偏差 P 越小,I_{L} 的线性度越好。由式(4-66)可知,R_{L} 越小、I_{D} 越大时,相对线性偏差越小,且 I_{L} 的相对偏差和 R_{L} 是指数关系。对于单位平方微米面积的光电二极管,取 $R_{\mathrm{S}} = 0.01\ \Omega$,$R_{\mathrm{d}} = 500\ \mathrm{k}\Omega$,假定入射光为波长 600 nm 的黄色光,则由响应度曲线可知受控源系数为 0.4。如图 4.6 为仿真得到的线性度和负载电阻的关系曲线,由图可得仿真结果和式(4-66)推算结果一致。

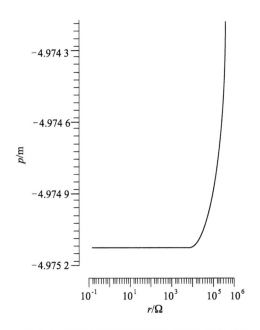

图 4.6 负载电流线型偏差和负载电阻的关系

4.2.4 带宽分析

在绿色照明系统中,系统的控制速度是一项重要的应用,要想快速开启或关闭照明系统,要求检测电路的响应时间越短越好,而响应时间包括光电检测目标的响应时间和电路处理检测信息的时间,从源头上说,就要求 PD 的响应速度越快越好。光电二极管的带宽是衡量光电二极管响应速度的重要指标,带宽越宽,则响应时间越短,响应速度越快。光电二极管的带宽取决于其时间常数和光子收集特性,光子的收集特性取决于光生载流子的漂移和扩散运动速率,由于漂移和扩散运动的比率取决于光生载流子的分布和光波长,因此光电二极管的带宽也与波长相关。

PIN 光电二极管的带宽不仅取决于光电二极管本身,还要考虑电路特性,电路特性不仅包括寄生电容和寄生电阻,还包括外电路的 R_L 和 C_L。下面以图 4.5 所示的光电二极管等效模型为例来推导 PIN 光电二极管带宽与哪些因素有关。

$$I_L = I_{ph} - I_D \tag{4-67}$$

$$I_D = \frac{\left(R_S + R_L \mathbin{/\mkern-5mu/} \dfrac{1}{j\omega C_L}\right) I_L - R_d I_D}{\dfrac{1}{j\omega C_d}} - I_o \left[e^{\frac{\left(R_S + R_L \mathbin{/\mkern-5mu/} \frac{1}{j\omega C_L}\right)}{R_d + \frac{1}{j\omega C_d}}} - 1 \right] \tag{4-68}$$

式(4-68)中等号右边第二项为等效二极管的交流电流,由于二极管的交流电阻 $R_S = V_T / I_D$,其中 PD 的暗电流为 pA 级,导致 R_S 极大,所以把式(4-68)右侧第二项省略,得到:

$$I_D = \frac{\left(R_S + R_L \mathbin{/\mkern-5mu/} \dfrac{1}{j\omega C_L}\right) I_L - R_d I_D}{\dfrac{1}{j\omega C_d}} \tag{4-69}$$

根据上式可得:

$$I_D = \frac{\left(R_S + R_L \mathbin{/\mkern-5mu/} \dfrac{1}{j\omega C_L}\right)}{R_d + \dfrac{1}{j\omega C_d}} \tag{4-70}$$

将式(4-69)和式(4-70)联立,即可得出:

$$I_L = \cfrac{I_{ph}}{1 + \cfrac{R_s + R_L \mathbin{/\!/} \cfrac{1}{j\omega C_L}}{R_d + \cfrac{1}{j\omega C_d}}}$$

$$= \frac{(1 + j\omega C_L R_L)(1 + j\omega C_d R_d) I_{ph}}{(1 + j\omega C_L R_L)(1 + j\omega C_d R_d) + j\omega C_d [R_L + R_s(1 + j\omega C_L R_L)]}$$

$$\approx \frac{(1 + j\omega C_L R_L)(1 + j\omega C_d R_d) I_{ph}}{(1 + j\omega C_L R_L)[1 + j\omega C_d (R_s + R_L + R_d)]} = \frac{(1 + j\omega C_d R_d) I_{ph}}{1 + j\omega C_d (R_s + R_L + R_d)}$$

$$(4\text{-}71)$$

$$\omega_1 = \frac{1}{C_d(R_s + R_L + R_d)} \qquad (4\text{-}72)$$

$$\omega_2 = \frac{1}{C_d R_d} \qquad (4\text{-}73)$$

式(4-71)为 Si 基 PD 负载电流的传输函数,式(4-72)为传输函数极点位置,式(4-73)为传输函数零点位置。由此三式可知,影响极点位置的主要因素有结电容、负载电阻和耗尽层电阻。由于 $R_s \ll R_d$,在无负载时,极点位置和零点位置重合,负载电流不随频率发生变化,带宽无限大;负载不为零时,只有当 $R_L \gg R_d$ 时,零极点分离,带宽才会受限,这种情况下,光电二极管频谱特性为高通滤波器。取 4.2.3 节的仿真条件,得到如图 4.7 所示的负载变化时负载电流的幅频特性曲线,由曲线可知仿真结果和分析结果一致。

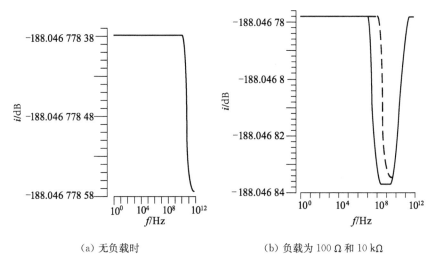

(a) 无负载时　　　　　　　　(b) 负载为 100 Ω 和 10 kΩ

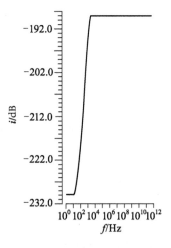

(c) 负载为 $10^{10}\,\Omega$

图 4.7　负载变化时负载电流的幅频特性曲线

4.2.5　噪声特性分析

除了带宽,噪声也是光电二极管的基本特性之一,对光电二极管的应用非常重要。光电二极管的光电流受多种噪声源的影响,比如散粒噪声和热噪声,这些噪声源可以确定能够检测的最小光信号,对光电二极管在弱光下的应用极其重要。

（1）散粒噪声

散粒噪声是由形成电流的光生载流子的分散性造成的噪声,在量子光学中,其来自于光量子的涨落。在光电二极管中,散粒噪声有三个来源,分别是：与信号无关的环境背景光产生的背景电流 I_B、二极管耗尽区内反向饱和电流产生的暗电流 I_D,以及光电流 I_{ph}。 这些电流的产生都是一个独立的随机过程,都会产生散粒噪声。

$$\overline{i_{sh}^2} = 2q(I_{ph} + I_B + I_D)\Delta f \tag{4-74}$$

其中, q 是电子电荷量, Δf 是光电二极管工作的频带宽度。

（2）热噪声

热噪声来源于载流子的不规则热运动,在光电二极管中,热噪声是由寄生电阻和负载电阻产生的。将寄生电阻和负载电阻等效为一个等效电阻 R_{eq},则热噪声为：

$$i_{\text{sh}}^{\overline{2}} = \frac{4kT}{R_{\text{eq}}} \Delta f \tag{4-75}$$

式中，k 是玻耳兹曼常数，T 为绝对温度，R_{eq} 为等效电阻，Δf 是光电二极管工作的频带宽度。则 PIN 光电二极管的信噪比（Signal Noise Ratio，SNR）为：

$$SNR = \frac{I_{\text{ph}}}{\sqrt{2q(I_{\text{ph}} + I_{\text{B}} + I_{\text{D}})\Delta f + \dfrac{4kT}{R_{\text{eq}}}\Delta f}} \tag{4-76}$$

从上式可知，光电二极管的信噪比与光电流、工作频带宽度、等效电阻有关，要想提高信噪比，可以通过增加入射光功率和调节负载电阻来增加等效电阻。若要设计一个特定信噪比参数的图像传感器系统，将 I 代入式（4-76）求得最小入射光功率，则：

$$P_{\text{ph, min}} = \frac{h\omega\Delta f}{\eta}(SNR)^2\left[1 + \sqrt{1 + \frac{2I_{\text{eq}}}{qB(SNR)^2}}\right] \tag{4-77}$$

由式（4-77）可知，对于使用 PIN 光电二极管的图像传感器，设定信噪比参数，可以求得最小的入射光功率。

4.3　实现高速响应的新架构

4.3.1　新型 PD 的结构和原理

为了提高 PD 的响应速度，同时抑制级间干扰对芯片的干扰，本书利用 $0.35~\mu\text{m}$ BCD 工艺构建 Si 基高速响应特性的光电检测阵列。其中，高速光电二极管的纵向剖面图和平面结构分别如图 4.8 中的（a）和（b）所示。对照（a）、（b）两图可以看出，在 N_{body} 和 P_{well} 之间的 PN 结所激发出的电子-空穴对会转换成光电流，此电流即为前面讲述的漂移电流（Drift Current）。

除此 PN 结区域以外所产生的电子-空穴对会扩散到该区域，从而产生一部分电流，这部分电流就称为扩散电流（Diffusion Current）。当电子-空穴对在扩散的过程中未到达结前而彼此结合，那么就不产生光电流。

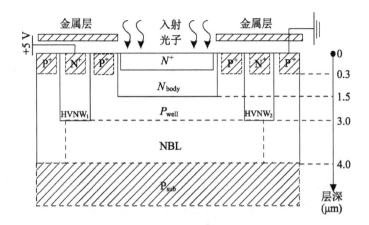

（a）纵向剖面图

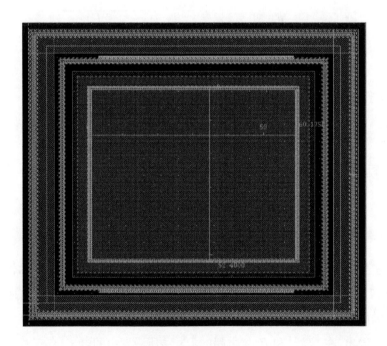

（b）光电二极管平面图

图 4.8　PD 模型的基本结构

本书设计 PD 所使用的光电流即为 N_{body} 与 P_{well} 之间 PN 结中产生的漂移电流及其两侧的扩散电流。

通过掺杂在 N 区构建出内阻比较低的 N^+ 来抽取 I_{ph}，此时 N^+ 即为 N-type 的结点，P^+ 即为 P-type 的结点。而 N_{body} 本身是因为简化了高压 MOS 结构来实现 PD 所产生的，并且其内阻也很高。

采用如图 4.8(b)中的光电二极管设计"九宫格"型对称 PD 结构，这样不仅可以实现光电流的动态调整，还能将共模噪声降到最低程度。

图 4.9 中右边为 PD 的整体效果。其中左上角和右下角为可见光区域（Active），左下角和右上角为遮盖区域（Dummy）。遮盖区域用铝线（Metal）层覆盖，不能接收光子，故该部分无光电流产生。可见光区域用以接收光子产生光电流，图中的左边是可见光区域的放大部分，它是由 3×3 的矩阵组成的。

本书所设计的芯片中，用于进行光电转换的 PD 数量是可以进行调整的。在实际的应用过程中，可以通过前向电流的大小判断出 I_{ph} 的强弱，进而确定 PD 开窗的数量。图 4.9 中所示产生 I_{ph} 的最小单元面积为 $50~\mu m \times 166~\mu m$，单个 PD 的总面积为 $166~\mu m \times 166~\mu m$，其详细的结构照片在本书 7.4.1 节中讲到。

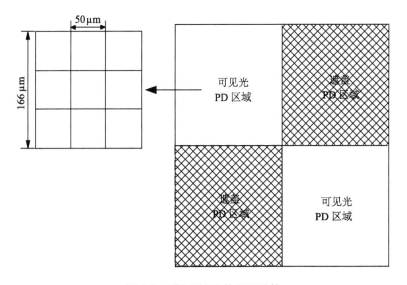

图 4.9　对称型 PD 的平面结构

4.3.2 高性能跨阻放大器的设计

在实际的照明系统中,诸如带宽、噪声、增益和功耗等因素会时刻出现在系统运行的过程中。为了从根源降低噪声干扰、提高系统增益,本节采用具有对称结构的跨阻放大器作为 TIA 的基本结构,通过反馈环路使直流偏置更稳定。由于 PD 输出的 I_{ph} 非常微弱,所以需要采用一个高性能的反馈放大器对该微弱信号进行放大。设计该放大器时应综合考虑以下几点:

（1）高灵敏度设计

跨阻放大电路是将光电流转换为电压信号的第一级电路,其输入端 I_N 和 I_P 分别连接至图 4.9 所示的可见光 PD 上。当光子入射时,PD 产生光电流,电流流入 I_P 端,然后进入 TIA 模块。该电路采用差分结构,利用电路的对称性,有效地将共模噪声进行抑制,光电流经过 TIA 后,将 I_{ph} 转变成电压信号 V_P 输出至下一级电路。其电路图如图 4.10 所示。

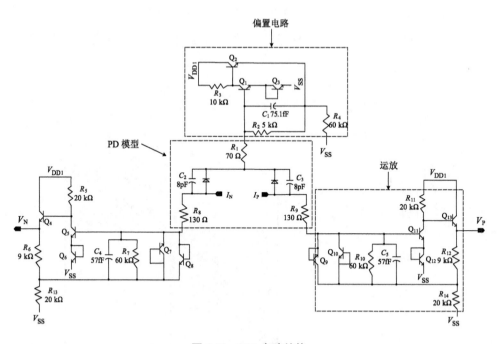

图 4.10　TIA 电路结构

图 4.10 中 V_{DD1} 电压为 4.5 V,由内部电源模块给低压电路提供 4.5 V 电压, V_{SS} 为接地标识。上部虚线区域为 PD 提供偏置电压,Q_3 用二极管连接方式提

高了 Q_1 的基极电位，从而保证 PD 能够工作在反向偏置状态下。R_4 和 Q_2 组成射极跟随器，同时 R_2 连接在跨阻放大器的输入端和输出端，构成跨阻连接方式，为 PD 提供更为精准的电压。

中部虚线区域是 PD 的电路模型，R_1、R_8 以及 R_9 是 PD 的寄生电阻，C_2 和 C_3 是寄生电容，为了更好地去除共模噪声，本书所设计的 TIA 模块具有良好的对称性，左边和右边虚线区域中的电路是完全一致的，此处以右边虚线区域为例对跨阻放大器进行分析。

Q_9 和 Q_{10} 按照二极管连接方式，构成稳压电路，连接偏置点的 ± 0.7 V。R_{10} 是跨阻放大器的反馈电阻，也是该放大器的增益电阻，通过调节该电阻阻值，可以达到改变 TIA 模块的增益，C_5 是密勒补偿电容，使得跨阻放大器工作更加稳定。本电路与后级放大电路的增益会在 4.4 节进行分析与仿真。

设定电源电压为 30 V，在全温度范围内（$-25℃\sim100℃$），光电流从 0 上升到 10 μs，时间为 100 μs，再从 10 μA 下降到 0，时间为 100 μs。观测比较器的输出和光电流时间的时延差，从而判断 TIA 模块的灵敏度，其仿真结果如图 4.11 所示。

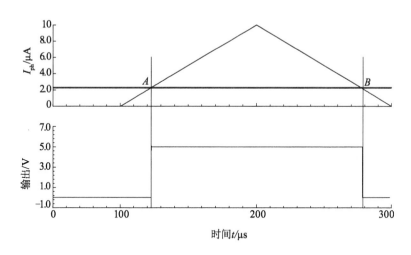

图 4.11　TIA 灵敏度仿真波形

由图 4.11 可以看到，本书设计的跨阻放大器其灵敏度很高，响应时间不超过 3.78 ns，保证了系统可以达到高速响应的特点。为了更加清楚地表述本电路的响应时间，在不同工艺角以及不同温度的条件下，对电路进行了仿真，数据列表如表 4.1 所示。

表 4.1　TIA 的灵敏度数据列表

温度/℃	典型模式(T_{PL1})		大电流模式(FF)		小电流模式(SS)	
	$I_{ph(on)}$	$I_{ph(off)}$	$I_{ph(on)}$	$I_{ph(off)}$	$I_{ph(on)}$	$I_{ph(off)}$
−40	2.08	1.92	2.29	2.17	2.34	2.22
25	1.52	1.38	1.66	1.57	1.70	1.58
100	3.27	3.05	3.65	3.48	3.78	3.6

（2）降噪设计

当光电耦合器的输入端存在共模噪声时,这样的噪声会随着 LED 所发出的光线传到输出端,不会因为光线的传输而消失或被抑制,噪声会继续叠加到光电流上并流经跨阻放大器。本书利用对称结构的 PD,将光电流产生过程中的噪声降到最低,同时为了防止共模噪声对电路的干扰,将 PD 接入具有差分结构的跨阻放大器上,不管共模噪声的幅值是多大,在输出级产生电压信号的时候,就可以将这两路幅值相同、相位相反的共模噪声抵消掉。同时,此模块中的后级部分包含滤波电路,可滤除光电耦合器输入端的杂波噪声。

由于 TIA 模块属于光电耦合器芯片的低压工作部分,所以大部分器件都是隔离式的器件,这样能够防止输出信号通过衬底串扰到前级,产生噪声影响本模块的工作状态。

4.4　仿真与实验结果

为了更好地提升绿色照明系统的响应速度,本章将高速响应 PD 集成于光电耦合器芯片当中。该芯片由 0.35 μm BCD 工艺制成,利用 Cadence 和 Hspice 等软件完成电路设计和版图布局,实际测试效果良好。芯片的整体显微照片如图 4.12 所示。

如图 4.12 所示为芯片的显微照片,裸片面积为 1.42 mm×1.31 mm,各个模块位置均在图中标识。光电检测阵列接收入射光子后,光电流继而产生。光电流的大小与入射光强度、入射光距离以及光电检测阵列的受光面积均有很大关系,这也将直接影响到后级电路的工作情况。

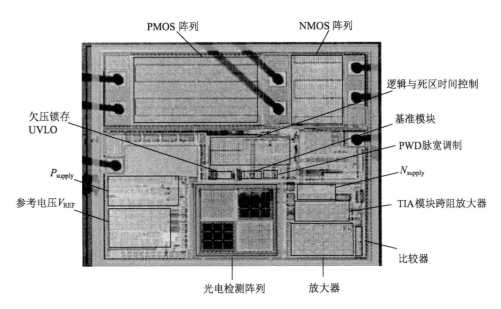

图 4.12　光电耦合器的电路显微照片

实际的照明系统中,光电耦合器一般工作在标准模式下,所以,本节首先在标准模式下对芯片的整体传输时延进行仿真。仿真条件分别如下: $V_{DD}=30$ V, I_{ph} 选取 $f=50$ kHz,占空比为 50%, $V=8$ μA 的方波信号,负载用 $R_L=20$ Ω 以及 $C_L=10$ nF 串联而成。其仿真结果如图 4.13 所示。

仿真结果分为 4 个部分,自上而下分别是输入信号 I_{ph},COMP 模块的输出电压,PWD 的时延输出以及光耦芯片的整体输出电压。各级电路的时延均标注在图中,由此可见, T_{PLH} 为 228.4 ns, T_{PHL} 是 187.58 ns。在标准模式下,信号能够正常输出,没有出现输出相位与输入电流反相的情况。

当温度在 $-40℃ \sim 100℃$ 范围内变化时,光电流选择 $1.0 \sim 25$ μA 区间内变化的方波信号,对整片在全温度范围内进行仿真,具体数值如表 4.2 所示,由表中数值可见, T_{PLH} 的变化范围是 $207.3 \sim 256.6$ ns, T_{PHL} 的变化范围是 $151.7 \sim 159.9$ ns,各个模块的时延均很小。

为了进一步验证光电耦合器在不同温度、不同光电流以及不同电压情况下工作的稳定性,分别关注在工作温度、电源电压以及输入电流变化时,整片传输时延的变化情况,其相互关系如图 4.14 所示。

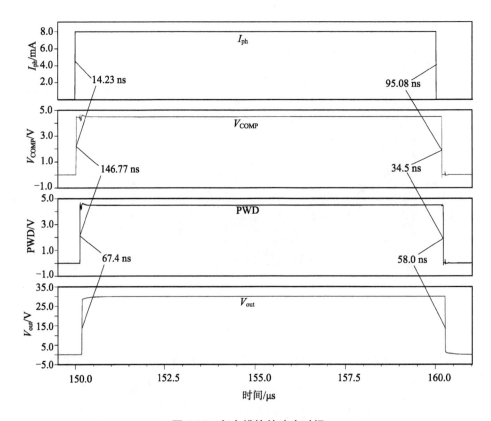

图 4.13 各个模块的响应时间

表 4.2 不同温度不同光电流的传输时延表

光电流 /μA	温度 /℃	光接收→比较器/ns		光接收→PWD/ns		光接收→输出/ns	
		T_{PLH1}	T_{PHL1}	T_{PLH2}	T_{PHL2}	T_{PLH3}	T_{PHL3}
1.1	−40	14.95	93.24	160.6	133.3	214	155.7
	25	15.03	91.53	169.7	127.2	208.8	159.9
	100	17.11	92.33	168.7	136.3	216.9	153.8
2.5	−40	13.83	98.47	163.9	149.2	207.3	151.7
	25	13.3	97.34	169.4	123	210.1	156
	100	14.45	99.08	165.9	134	224	154
5	−40	13.27	90.33	163.6	130.9	227	153
	25	14.36	90.47	161.2	136.2	220.2	159.2
	100	15.07	52.68	166.4	137.5	224.5	153.8

（续表）

光电流 /μA	温度 /℃	光接收→比较器/ns		光接收→PWD/ns		光接收→输出/ns	
		T_{PLH1}	T_{PHL1}	T_{PLH2}	T_{PHL2}	T_{PLH3}	T_{PHL3}
8	−40	15.45	98.34	160.9	134.4	254.4	156
	25	19.77	98.39	168.9	134	224	154
	100	14.69	92.92	162.6	130.9	229	153
25	−40	14.45	98.41	161.2	136.2	227.2	156.2
	25	15.65	98.45	166.4	135.5	224.5	153.8
	100	15.64	91.51	169.9	134.4	256.6	156

　　由图 4.14 可知,所有的传输时延均在设计范围以内,只有在 25℃ 和 75℃ 时,光电耦合器的输入输出时延变化相对较大,在图 4.15 中用虚线标出,为了更好地反映本书所设计的光电耦合器在响应速度上的优势,将这两组变化量最大的数据绘制成图 4.15 以便进行分析。

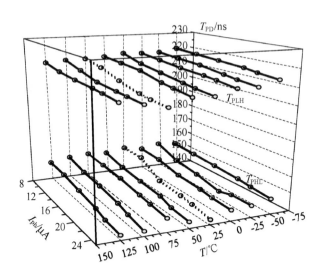

图 4.14　响应时间稳定性的关系对比图

　　通过图 4.15 可以看出,对芯片整体仿真的过程中,对于同一温度条件下,芯片传输时延 T_{PLH} 的变化范围是 205.5～216.2 ns,T_{PHL} 的变化范围是 143～155 ns。

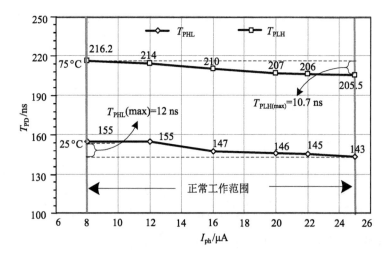

图 4.15　响应时间最大变化范围

为了测试光电耦合器在实际应用中的响应速度,根据图 4.16 所示的测试电路图制成通用测试板,将实测电路元器件以及电路连接起来,如图 4.17 所示。

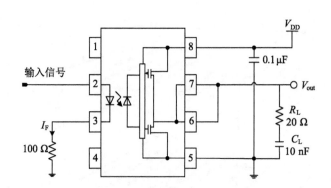

图 4.16　响应速度测试电路原理图

由于光电流在实际传输的过程中会产生各种损耗和衰减,所以为了更加准确地对光电耦合器的指标进行测试,本书可以通过理论计算得出后级产生的光电流大小。在光电耦合器的发射端,LED 的正向电流 I_F 是可以通过输入电压进行调节的,那么通过计算得到的光电流的数值,就可以作为后级仿真与测试的输入信号。

实验室使用 Tektronix—TDS5104B 对芯片进行实际测试,实测条件为:$T = 25$℃,$V_{DD} = 30$ V,调节 $I_F = 5$ mA 时,$I_{ph} = 8$ μA。此时对整片响应速度进行实际测试,实测波形如图 4.18 所示。

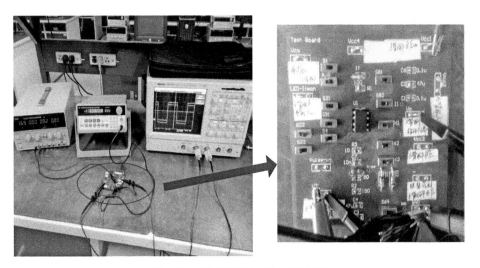

图 4.17 测试运行平台及其测试板

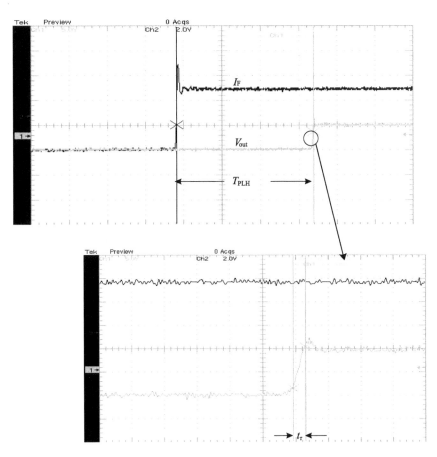

（a）上升时延差实测结果（50 ns/div）

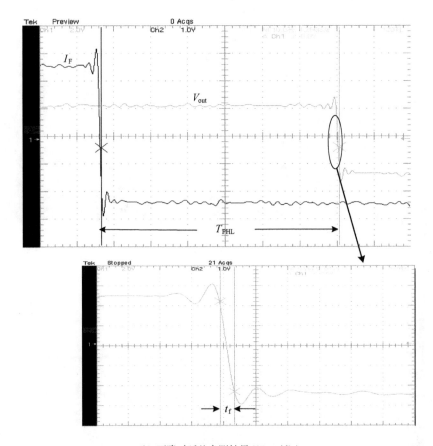

(b) 下降时延差实测结果(25 ns/div)

图 4.18　光电耦合器响应时间测试结果

从实测结果可以看出,芯片在室温下工作时,光电耦合器的整体上升时间是16 ns,下降时间也是 14 ns。上升传输时延 T_{PLH} 为 205 ns,下降时延 T_{PHL} 为155 ns。对比实测和仿真值可以看出,本书所设计的 PD 各项指标均符合高速需求。芯片在工作过程中电路性能正常,未出现不良现象,实现了整片高速响应的特点。同时,整体电路在接收端的输入级就对噪声进行了同步抑制,保证了芯片可以在复杂环境下高速工作。

本书所设计的光电耦合器具有很高的响应速度。相比于市场上同类光电耦合器芯片具有快速响应能力。Fairchild 生产的 FOD8316 高速光耦的 T_{PLH} 为250 ns,T_{PHL} 为 300 ns;AVAGO 公司生产的 HCPL-M701,其 T_{PLH} 为 10 μs,下降时延 T_{PHL} 为 2 μs;Liteon 公司生产的高速光耦 LTV824,其 t_r 和 t_f 分别为

400 ns 和 300 ns,这些响应时间远高于本书设计芯片的整片响应时间。

4.5 本章小结

本章在系统分析响应速度的相关理论基础上,对响应度、PD 响应时间以及光电流的理论计算进行了阐述与归纳,介绍了光电转换原理并对高速响应的 PD 模型、结构进行了总结,提出了快速响应的实现方法,阐明了关键电路的设计原理。

文中针对光电耦合器在实际应用中如何实现高速响应这一难题,进行了深入研究。本章提出了一种新型的具有对称结构的光电检测阵列,并在 0.35 μm BCD 工艺上进行了投片验证。该检测阵列通过其"九宫格"结构有效地将光子转换为光电流,同时提出了一种高灵敏度的跨阻放大器与对称型光电检测阵列配合使用,这样不仅能够提高从光到电的转换速度,也可以有效抑制光传输过程中噪声对后级电路的干扰,实现了全温度范围内光电转换的高速响应。本章所述电路结构易于实现,对后续光电转换以及光电互联相关的电路设计具有借鉴作用。

随着光电耦合器在绿色照明系统中的广泛使用,其响应速度、驱动能力等特性一定会越来越受到关注。在下一章中,将会专门讨论光电耦合器在实际应用中强驱动电流的电路设计技术。除了对高速、强驱动这些关键指标继续要求之外,由于光电耦合器大部分工作在低压和高压的连接处,输入电流与输出电流之间相差很多个数量级,这样后级的噪声很容易干扰到前级微弱的信号,因此对该芯片的噪声处理能力也显得更加重要。作者正在研究针对大电流、高速度的光电耦合系统,设计基于强电流、高速度的自适应降噪电路。通过对芯片内部各个模块的噪声进行实时监控,经过内部的处理机制,动态调节自降噪电路的工作状态。利用这种动态机制,可以优化不同使用条件下的降噪特性,保证光电耦合系统的稳定运行。同时可以考虑版图布局和布线时的有关设计,进行高低压分离。

第五章

驱动能力的片内集成设计

驱动能力就是通常所说的带载能力,即最大输出的驱动电流。作为光电耦合器的一个重要特性指标,其大小直接决定了芯片的应用范围。随着光电技术的不断发展,强驱动电流的光电耦合器在市场上越来越受到青睐。而如何在不同温度、电压以及输入信号下,均能在输出端达到稳定的驱动能力,这就成为当今光电耦合器芯片研究的一大难题。在传统光电耦合器内部体系架构中,受内部电源稳定性以及前端光电流处理电路的影响,芯片的驱动能力会受到很多因素的制约。所以,本书在设计驱动模块的过程中,首先设计了片内三组电源模块,解决了芯片内部电路在同一时间工作时,对输入电压要求不同的问题。由于光电耦合器的接收端包含光电检测阵列、光电信号处理及后级驱动三个单元,所以为各个子模块提供精确电压就显得尤为重要。

为此,本书在5.1节专门为光电耦合器设计了三组独立电源,分别是给各级电路提供稳定的电压和电流的基准模块、驱动 NMOS 阵列和 PMOS 阵列的内部电源 N_{supply} 和 P_{supply}。 这样就可以从源头上抑制电源电压的波动对芯片驱动能力的影响。

5.2 节提出的光电信号前端处理是由光到电转换的重要单元。对于后级强电流的需求,本部分的电路既要保证高灵敏度的转换能力,也要在信号传输的过程中进行噪声抑制和保护功能,从光电处理的第一级就防止后级因为干扰而产生误操作。强驱动模块的设计在5.3节详细讲解,本模块既要提高芯片的带载能力也要进行时延调整,避免后级驱动电路出现 PMOS 阵列和 NMOS 阵列同时导通产生短路。通过各项指标的综合设计,使得芯片的驱动能力几乎不受工作温度、工艺模型以及电源电压变化的影响,投片测试结果证明效果良好。

5.1　电源管理模块

5.1.1　基准电路

（1）电路功能

芯片上电伊始，基准电路首先开始工作，该模块为其他支路提供稳定的基准电压和偏置电流；随后，为芯片的内部电源 N_{supply} 和 P_{supply} 供电，使其完成对后级 MOS 管提供稳定电压的工作。与此同时，N_{supply} 还为 COMP 以及 PWD 模块提供稳定电压。当这两部分电源正常工作后，其余各模块即可得到稳定的电压和电流进而开始工作，至此各模块直流工作点完全建立起来。

（2）工作原理

基准电源的工作原理通常是利用 Si 材料的带隙电压不随电源和温度变化的特性设计的。

对于双极型（Bipolar）工艺的器件，集电极电流 I_c 与 V_{BE} 呈以下指数关系：

$$I_c = I_s \exp(V_{BE}/V_T) \tag{5-1}$$

其中 I_s 为饱和电流，表达式为 $I_s = \alpha T^{4+m} \exp(-E_g/kT)$。其中 α 是一个比例系数，T 为热力学温度，$m \approx -1.5$，$E_g \approx 1.12\,\text{eV}$ 是硅的带隙能量。由式(5-1)可得 V_{BE} 为：

$$V_{BE} = V_T \ln(I_c/I_s) \tag{5-2}$$

将式(5-2)两边对温度求导，可得 V_{BE} 的温度系数：

$$\frac{\partial V_{BE}}{\partial T} = \frac{\partial V_T}{\partial T} \ln \frac{I_c}{I_s} - \frac{V_T}{I_s} \frac{\partial I_s}{\partial T} \tag{5-3}$$

将 I_s 两边对温度求导，得：

$$\frac{\partial I_s}{\partial T} = \alpha(4+m)T^{3+m} e^{\frac{-E_g}{kT}} + \alpha T^{4+m} e^{\frac{-E_g}{kT}} \frac{E_g}{kT^2} \tag{5-4}$$

对式(5-4)两边同乘 $\dfrac{V_T}{I_s}$ 并化简得：

$$\frac{V_\text{T}}{I_\text{s}} \frac{\partial I_\text{s}}{\partial T} = (4 + m) \frac{V_\text{T}}{T} + \frac{E_\text{g}}{kT^2} V_\text{T} \tag{5-5}$$

将式(5-5)代入式(5-3)中,可得:

$$\frac{\partial V_\text{BE}}{\partial T} = \frac{V_\text{BE} - (4 + m)V_\text{T} - \dfrac{E_\text{g}}{q}}{T} \tag{5-6}$$

将已知的各项条件 $V_\text{BE} \approx 0.75\,\text{V}$、$T = 300\,\text{K}$、$m \approx -1.5$ 和 $E_\text{g} \approx 1.12\,\text{eV}$ 代入式(5-6)可得:$\dfrac{\partial V_\text{BE}}{\partial T} = -1.5\,\text{mV/K}$,由此可见,这里 V_BE 表现为负温度系数。

如果流过两个双极型晶体管上的电流密度不相等,那么其 ΔV_BE 与绝对温度成正比。假设两管的偏置电流相同,那么 $I_{s1} = I_{s2}$,设定发射极间面积比为 $1/N$,则集电极电流分别为 NI_0 和 I_0,忽略 I_B 可得:

$$\Delta V_\text{BE} = V_\text{BE1} - V_\text{BE2} = V_\text{T} \ln N \tag{5-7}$$

同理,将 ΔV_BE 两边对温度求导,可得出正温度系数:

$$\frac{\partial \Delta V_\text{BE}}{\partial T} = \frac{k}{q} \ln N \tag{5-8}$$

由式(5-6)和式(5-8)可知,将分别具有正温度系数的 ΔV_BE 与负温度系数的 V_BE 进行线性组合,即可得到零温度系数电压。

(3) 电路设计

本书所设计的光电耦合器具有很宽的输入电压范围,其工作电压在 15～30 V 之间。所以为了减少电源电压 V_DD 的波动带来的不稳定因素,设计了一个不受电源电压和温度摆幅影响的基准模块,该模块由两部分组成,分别是内部电源电路和基准核心电路。内部电源基于齐纳二极管(Z_D)稳压原理,为基准核心电路提供电源 V_bias,保证了基准电路的输入电源不受电源电压的影响,确保基准输出 V_bias 约为 5 V。基准部分的核心电路通过带隙基准电路构建,其具体电路如图5.1所示。

图 5.1 中虚线左侧的是内部电源电路,由于该部分电路工作在电源电压区域,所以 MOS 管均采用高压器件。当满足 $V_\text{DD} > |V_\text{TH}| + 2V_\text{BE} + V_\text{ZD}$ 时,Z_D 中流过反向电流。根据基尔霍夫电压定理,可将其两端的电压用下式表达:

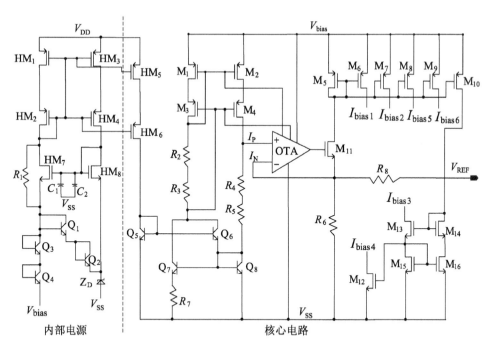

图 5.1　电源基准电路结构

$$V_{GS7} + 2V_{BE} + V_{bias} = V_{GS8} + V_{ZD} \tag{5-9}$$

式(5-9)中，V_{GS7}、V_{GS8} 分别是高压管 HM_7 和 HM_8 的栅源级电压，那么流过 HM_7 和 HM_8 的电流可表示为：

$$I_{D7} = \frac{1}{2} \mu_n C_{OX} \left(\frac{W}{L} \right) (V_{GS7} - V_{TH})^2 \tag{5-10}$$

$$I_{D8} = \frac{1}{2} \mu_n C_{OX} \left(\frac{W}{L} \right) (V_{GS8} - V_{TH})^2 \tag{5-11}$$

由式(5-10)可得 V_{GS7} 为：

$$V_{GS7} = \sqrt{\frac{2I_{D7}}{\mu_n C_{OX} \left(\dfrac{W}{L} \right)}} + V_{TH} \tag{5-12}$$

同理可得 V_{GS8}，根据式(5-9)知，$V_{bias} = V_{GS8} - V_{GS7} + V_{ZD} - 2V_{BE}$，则：

$$V_{\text{bias}} = \sqrt{\frac{2}{\mu_n C_{\text{OX}}(W/L)}}(\sqrt{I_{D8}} - \sqrt{I_{D7}}) + V_{\text{ZD}} - 2V_{\text{BE}} \qquad (5\text{-}13)$$

式(5-13)中 μ_n 和 C_{OX} 分别表示载流子的迁移率和栅氧化层单位面积的电容。当芯片上电时，HM_1、HM_2、R_1、Q_1、Q_2 和 Z_D 组成信号通路，电流流过 HM_1，通过电流镜的镜像使流过 Z_D 的电流增大，最终导致钳位二极管将 V_{bias} 稳定在其钳位值上。这样，V_{bias} 就作为一个独立电源为后续核心电路提供电压信号。

当内部电源电路正常工作后，由 Q_5 和 Q_6 组成的启动电路将开启虚线右侧各级电路的工作状态。内部电源 V_{bias} 为 Q_5 提供一个偏置电压信号，使得 Q_5 的基极电位 V_B 为高，而此时 Q_6 的发射极 V_E 电位为低，所以 Q_5 导通，这样电路就摆脱简并点，开始工作。芯片正常工作后，V_E 被拉高，则 Q_6 关断，此时启动电路停止工作。

启动电路停止工作后，通过低压 MOS 管 $M_1 \sim M_4$ 以及电阻 R_2、R_3 组成自偏置镜像电流源。所以在 Q_7 和 Q_8 这两条支路上的电流相等。根据放大器"虚短虚断"的原理可知基准电路的输出为：

$$V_{\text{REF}} = V_{\text{BE8}} + I_{Q8}(R_4 + R_5) \qquad (5\text{-}14)$$

为了设计出具有零温度特性的基准电路，此处设定 Q_7 和 Q_8 的发射极面积之比为 $8 : 1$，那么：

$$\Delta V_{\text{BE}} = V_{\text{BE8}} - V_{\text{BE7}} = V_T \ln \frac{I_{Q8}}{I_{S8}} - V_T \ln \frac{I_{Q7}}{I_{S7}} = V_T \ln 8 \qquad (5\text{-}15)$$

所以，双极型晶体管 Q_7 中的电流即为：

$$I_{Q7} = \frac{\Delta V_{\text{BE}}}{R_7} = \frac{V_T \ln 8}{R_7} \qquad (5\text{-}16)$$

因为 $I_{Q7} = I_{Q8}$，将式(5-16)代入式(5-14)可得基准电压 V_{REF}：

$$V_{\text{REF}} = V_{\text{BE8}} + \frac{R_4 + R_5}{R_7} V_T \ln 8 \qquad (5\text{-}17)$$

由于 $\partial V_{\text{BE}}/\partial T = -1.5 \, \text{mV/K}$，根据式(5-17)可知，为了得到零温度系数的

偏置电压,在室温下,必须使:

$$\frac{R_4+R_5}{R_7}\ln 8 \approx 17.2 \tag{5-18}$$

这样就可以在设计电路的过程中调节 R_4、R_5 以及 R_7 的比例,得到零温度系数的基准电压 V_{bias}。

当基准模块正常工作后,运算跨导放大器(OTA)的输入端即为 V_{REF},那么流过 M_{11} 的电流就是偏置电流。OTA 与 M_{11}、电阻 R_6 构成电流串联反馈形式,产生芯片所需的偏置电流 I_{bias},该电流通过电流镜镜像给其它模块。

$$I_{\text{bias}}=\frac{V_{\text{REF}}}{R_6} \tag{5-19}$$

如图 5.2 所示为带隙基准模块中 OTA 的电路图。OTA 的输入端连接带隙基准电压,约为 1.2 V。为了保证其尾电流源能正常工作,该 OTA 的输入管被设计成 PMOS 管,采用典型的两级运放形式,电容 C_1 起补偿作用,电阻 R_1 为调零电阻,可以抵消右半平面的零点。

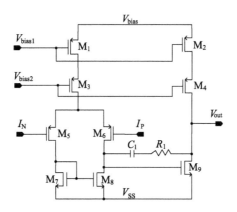

图 5.2　运算跨导放大器电路图

图 5.3 是运算跨导放大器的小信号等效模型。其中 g_{mI} 和 g_{mII} 分别为第一级和第二级放大器的跨导增益。对比图 5.2 可知,$g_{\text{mI}}=g_{m5}$ 且 $g_{\text{mII}}=g_{m9}$,C_{I} 和 C_{II} 是寄生电容,R_{I} 和 R_{II} 是等效输出电阻,满足条件 $R_{\text{I}}=r_{\text{ds6}}\,//\,r_{\text{ds8}}$ 和 $R_{\text{II}}=r_{\text{ds9}}$。假设 R_1 小于 R_{I} 或 R_{II},可解出系统的传输函数:

$$\frac{V_{\text{out}}(s)}{V_{\text{in}}(s)} = \frac{a\left\{1 - s\left[(C_1/g_{\text{mII}}) - R_1 C_1\right]\right\}}{1 + bs + cs^2 + ds^3} \tag{5-20}$$

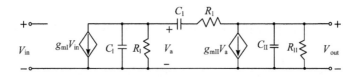

图 5.3　运算跨导放大器小信号模型

式(5-20)中的各项系数分别如下式所示:

$$\begin{cases} a = g_{\text{mI}} g_{\text{mII}} R_1 R_{\text{II}} \\ b = (C_1 + C_1)R_1 + (C_{\text{II}} + C_1)R_{\text{II}} + g_{\text{mII}} R_1 R_{\text{II}} C_1 + R_1 C_1 \\ c = (C_1 C_{\text{II}} + C_1 C_1 + C_{\text{II}} C_1)R_1 R_{\text{II}} + (R_1 C_{\text{II}} + R_1 C_1)R_1 C_1 \\ d = R_1 R_{\text{II}} C_1 C_{\text{II}} R_1 C_1 \end{cases} \tag{5-21}$$

相应的零极点为:

$$\begin{cases} p_1 \approx -\dfrac{1}{g_{\text{mII}} R_1 R_{\text{II}} C_1}, \ p_2 \approx -\dfrac{g_{\text{mII}}}{C_{\text{II}}}, \ p_3 = -\dfrac{1}{R_1 C_1} \\[3mm] z = \dfrac{1}{C_1\left(\dfrac{1}{g_{\text{mII}}} - R_1\right)} \end{cases} \tag{5-22}$$

将右半平面的零点移动至 p_2，使之能够与负载电容产生的极点相互抵消。为此,需要满足 $z = p_2$,因此 R_1 的值为:

$$R_1 = \left(\frac{C_1 + C_{\text{II}}}{C_1}\right)\left(\frac{1}{g_{\text{mII}}}\right) \tag{5-23}$$

电阻 R_1 的引入使得右半平面的零点左移且与 p_2 相互抵消,在这种情况下,为了使系统稳定运行,就要求极点 p_3 应大于单位增益带宽(DB):

$$|p_3| = \frac{1}{R_z C_1} > A_V(0)\,|p_1| = \frac{g_{\text{mI}}}{C_1} \tag{5-24}$$

假设 $C_{\text{II}} \gg C_1$,可知:

$$C_1 > \sqrt{\frac{g_{mI}}{g_{mII}}C_I C_{II}} \tag{5-25}$$

（4）仿真结果

为了更好地反映电源基准模块的稳定性,本节对该电源模块的两个关键指标进行仿真。首先仿真 V_{REF} 和 I_{bias} 的温度稳定性,其次对电源电压抑制比(PSRR)进行仿真分析。

仿真条件设定为:电源电压 $V_{DD}=15$ V 和 $T=-40\sim100℃$,对典型情况下的电源基准电路进行仿真,结果如图 5.4 所示。

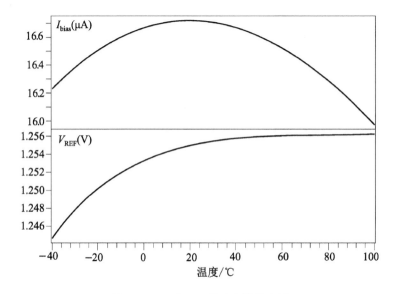

图 5.4　V_{REF} 和 I_{bias} 的稳定性仿真图

通过仿真结果可以清楚地看到,V_{REF} 的变化范围是:$1.245\sim1.256$ V,最大变化量为 11 mV,I_{bias} 的变化范围是:$16.2\sim16.7$ μA,变化量是 0.5 μA。由上述仿真数据可知,V_{REF} 和 I_{bias} 在全温度下的变异均在 $\pm3\%$ 以内。为了更好地反映基准模块的稳定性,本节在不同电源电压以及不同工艺模型的条件下进行仿真,将数据列表以便对比分析。各类仿真数据如表 5.1 所示。

表 5.1　V_{REF} 和 I_{bias} 瞬态稳定性数据列表

工艺模型		15 V	30 V	40 V
典型模式	$V_{\mathrm{REF}}/\mathrm{V}$	1.245~1.256	1.244~1.256	1.245~1.257
	$I_{\mathrm{bias}}/\mu\mathrm{A}$	16.2~16.7	16.3~16.7	16.3~16.8
小电流模式	$V_{\mathrm{REF}}/\mathrm{V}$	1.252~1.264	1.250~1.265	1.251~1.265
	$I_{\mathrm{bias}}/\mu\mathrm{A}$	11.7~12.18	11.7~12.25	11.7~12.3
大电流模式	$V_{\mathrm{REF}}/\mathrm{V}$	1.245~1.257	1.245~1.259	1.245~1.258
	$I_{\mathrm{bias}}/\mu\mathrm{A}$	19.8~20.45	19~19.6	21.2~21.85

　　由表 5.1 可以确定,基准电压的最大变化值为 15 mV,基准电流的最大变化量是 0.65 μA。由此可见,基准模块的输出受温度变化影响微小,能够保证为后级电路提供稳定的电压和电流。

　　本书在设计电源模块的过程中,分别用交流电源抑制比(ACPSR)和直流电源抑制比(DCPSR)这两个指标对三组内部电路进行验证,确保内部电路的稳定性。下面对基准电路的这两个指标进行仿真。

　　对于 DCPSR 而言,在直流范围内对 V_{DD} 从 0~30 V 进行扫描,在标准模式下,其仿真结果如图 5.5 所示。

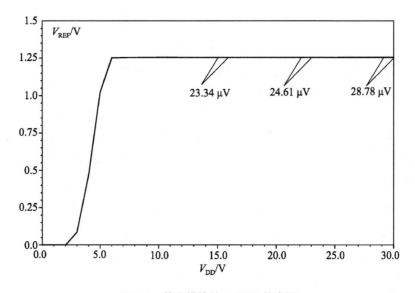

图 5.5　基准模块的 DCPSR 仿真图

由图 5.5 可知，V_{DD} 从 15 V 到 16 V 变化时，输出信号 V_{REF} 的变化量为 23.34 μV；V_{DD} 从 22 V 到 23 V 变化时，输出信号 V_{REF} 的变化量为 24.61 μV；V_{DD} 从 29 V 到 30 V 变化时，输出信号 V_{REF} 的变化量为 28.78 μV。所以，当 V_{DD} 的变化量为 1 V 时，V_{REF} 的变化量稳定在 25 μV 左右，故可得：

$$\Delta V_{REF} \approx 25\ \mu V = 0.025\ mV \tag{5-26}$$

则有：

$$\begin{aligned}
DCPSR &= 20\lg \frac{\Delta V_{DD}}{\Delta V_{REF}} \\
&= 20\lg \frac{1\ V}{0.025\ mV} \\
&= 92.1\ (dB)
\end{aligned} \tag{5-27}$$

对于 ACPSR 的仿真，设定电源电压 V_{DD} 为 30 V，摆幅峰值为 ± 0.5 V，选取频率在 1 kHz～10 MHz 范围内的正弦信号做激励源，在 25℃ 的标准模式下，分别以 50 kHz 和 10 MHz 为例，进行瞬态分析，其仿真结果如图 5.6 所示。

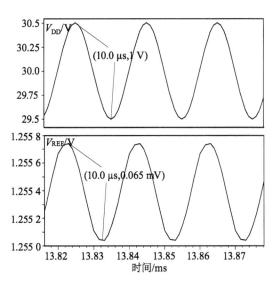

(a) 频率为 50 kHz

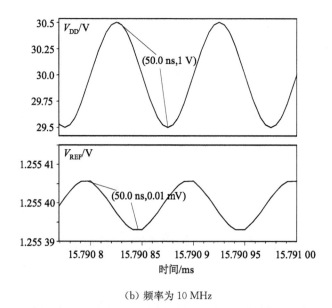

（b）频率为 10 MHz

图 5.6　基准模块的 ACPSR 仿真图

由图 5.6 可知，V_{DD} 从 29.5 V 变化到 30.5 V 的过程中，频率的不同会导致输出信号 V_{REF} 产生波动。为了更好地表现基准模块在电源电压发生交流变化的过程中，输出电压变化的具体情况，将各个频率下输出电压的变化值列表如下，具体数值对应于表 5.2。

表 5.2　基准模块交流电源抑制比

频率/Hz	ΔV_{REF}/mV	ACPSR/‰
1 k	0.049 0	4.90E−02
10 k	0.059 6	0.596E−01
50 k	0.065	6.5E−02
100 k	2.582	2.58E+00
1 M	0.883	8.83E−01
10 M	0.010	1.0E−02

由于电源电压的波动选取为 1 V 信号,所以根据式(5-27)可得 ACPSR 的计算公式为:

$$ACPSR = 20\lg \frac{\Delta V_{DD}}{\Delta V_{REF}} \qquad (5\text{-}28)$$

根据上述仿真结果可知,基准模块的 ACPSR 对频率的变化规律可由图 5.7 表示。

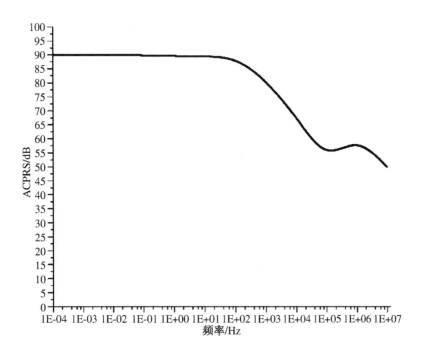

图 5.7　基准模块的 ACPSR 随频率变化的规律

仿真结果表明,所设计的基准模块其 DCPSR 可达 92.1 dB,在低频段,ACPSR 可达到 81.19 dB,随着频率的升高,其值也可以保持在 60 dB 以上。相比于传统的带隙基准电路,本书设计的电路在电源抑制比方面有了显著的改善。

5.1.2　内部电源 N_{supply}

N_{supply} 模块的主要功能是在芯片内部产生一个比 V_{SS} 高 4.0 V 的稳定电压。该电压信号一方面用以驱动后级的 NMOS 阵列,另一方面也为后级的逻辑与死区时间控制模块提供一个稳定的电压信号。

该模块主要由带有负反馈支路的运算跨导放大器(OTA)构成,基准电压作为其参考电位连接至 OTA 的输入端,采用电压串联负反馈的形式将 OTA 和具有缓冲功能的源跟随器级联。为了保证环路的稳定性,在运算跨导放大器的输出和地之间加入补偿电容。

为了给后级逻辑模块提供稳定的电压,本模块的 OTA 内部采用了输入管为 PMOS 管的折叠式共源共栅结构,其同向输入端的信号来自于基准模块,其输出电压为 $1.2\,\mathrm{V}$,反相输入端引入输出端的反馈信号。这种结构不仅扩展了输入共模电平的范围,也利用了折叠共源共栅 OTA 电源抑制比的优势。为了使整个环路稳定工作,在 OTA 的输出和地之间加入补偿电容,实现自补偿功能。实际的 N_{supply} 电路如图 5.8 所示。

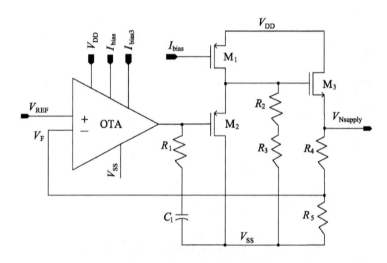

图 5.8 N_{supply} 模块的内部电路图

由图 5.8 可知,该模块由单级放大器和两级源跟随器构成,M_3、R_4 以及 R_5 构成了一个源跟随器,R_4、R_5 是负载电阻,利用分压原理将反馈信号输入到 OTA 的反向端。当芯片工作时,基准电位输出至 OTA 的同相端,V_F 通过负载进行采样反馈至 OTA 的反向端。OTA 将基准电压和反馈电压的差值进行放大,其输出驱动 M_2 的栅极。

在放大器的输出和源极跟随器 M_2 的输入端加入补偿电容 C_1,形成一个极点。源极跟随器输出阻抗小,增大了驱动能力。电阻 R_2 和 R_3 串联,将 M_3 的栅极高阻接地,保证在 OTA 不正常工作时,输出为"0",正常工作时,该模块产生一个稳定的 $V_{\text{N supply}}$:

$$V_{\text{N supply}} = V_{\text{REF}}\left(1 + \frac{R_4}{R_5}\right) \tag{5-29}$$

为了更好地分析电路的工作原理,图 5.9 画出了本模块中的 OTA 内部电路。

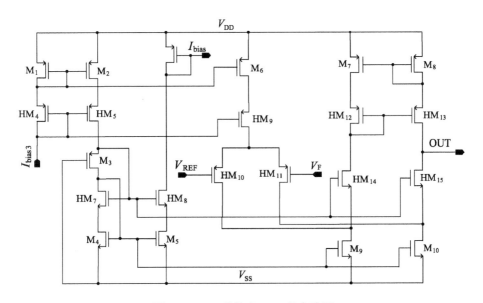

图 5.9　N_{supply} 模块中 OTA 的电路图

当 $V_{\text{N supply}}$ 升高时,V_{F} 也随之变大,这样就导致 OTA 的输出变小,又因为源极跟随器对电压起到反相作用,所以 $V_{\text{N supply}}$ 也随之降低。同理,当 $V_{\text{N supply}}$ 降低时经过反馈也会得到相应的结果。假设 OTA 的增益为 G,反馈系数为 α,理论认为源极跟随器增益为 1,可以得出:

$$\alpha = \frac{R_5}{R_4 + R_5} \tag{5-30}$$

则输出为:

$$V_{\text{N supply}} = \frac{G}{1+\alpha G} V_{\text{REF}} \tag{5-31}$$

因为 $\alpha G \gg 1$，所以：

$$V_{\text{N supply}} \approx \frac{V_{\text{REF}}}{\alpha} = V_{\text{REF}}\left(1+\frac{R_4}{R_5}\right) \tag{5-32}$$

由于电源电压波动会对输出信号产生影响，所以分别对本模块的 DCPSR 和 ACPSR 两种情况进行仿真，图 5.10 为直流情况下，电源电压波动对输出的影响。

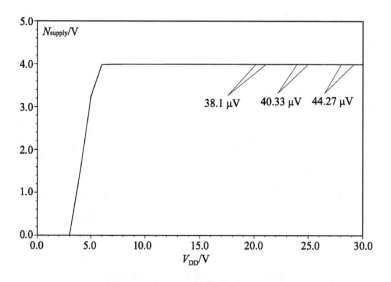

图 5.10　N_{supply} 模块的 DCPSR 仿真图

当 V_{DD} 从 20 V 变化到 21 V 时，输出信号 N_{supply} 跟随 V_{DD} 变化为 38.1 μV；V_{DD} 从 24 V 变化到 25 V 时，输出信号 N_{supply} 跟随 V_{DD} 变化为 40.33 μV；V_{DD} 从 28 V 变化到 29 V 时，输出信号 N_{supply} 跟随 V_{DD} 变化为 44.27 μV。由以上可知，当 V_{DD} 电压变化 1 V 时，N_{supply} 变化稳定在 40 μV 左右，故有：

$$\Delta N_{\text{supply}} \approx 40 \ \mu\text{V} = 0.04 \ \text{mV} \tag{5-33}$$

$$DCPSR = 20\lg \frac{\Delta V_{\text{DD}}}{\Delta N_{\text{supply}}} = 20\lg \frac{1 \ \text{V}}{0.04 \ \text{mV}} = 88 \ (\text{dB}) \tag{5-34}$$

为了更好地分析 N_{supply} 模块中 ACPSR 的变化规律,采用 $V_{pp} = 1\,V$, $f = 1\,kHz \sim 10\,MHz$ 范围内的正弦信号叠加到电源电压上,在相同的信号电平下,选择 50 kHz 和 10 MHz 为例,进行瞬态仿真,从而观测 ACPSR 的波形,如图 5.11(a) 所示波形表示叠加波形,图 5.11(b) 波形代表信号输出。

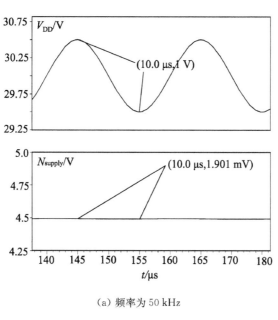

（a）频率为 50 kHz

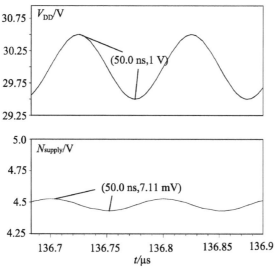

（b）频率为 10 MHz

图 5.11　N_{supply} 模块的 ACPSR 仿真图

由图 5.11 可知，V_{DD} 从 29.5 V 变化到 30.5 V 的过程中，频率的不同会导致输出信号 N_{supply} 产生变化，随着频率的升高，变化量也变大。为了更好地体现 N_{supply} 模块电路在交流电源变化的过程中，输出变化的具体情况，将图 5.11 中的变化值列表如下，具体数值对应于表 5.3。

表 5.3 N_{supply} 模块的交流电源抑制比

频率/Hz	ΔN_{supply}/mV	ACPSR/‰
1 k	0.019	1.90E-02
10 k	0.034	3.40E-02
50 k	1.901	1.9E+00
100 k	2.87	2.87E+00
1 M	10.09	1.01E+01
10 M	7.11	7.11E+00

上述仿真说明，内部电源 N_{supply} 具备良好的跟随特性，其 ACPSR 对频率的变化趋势如图 5.12 所示。

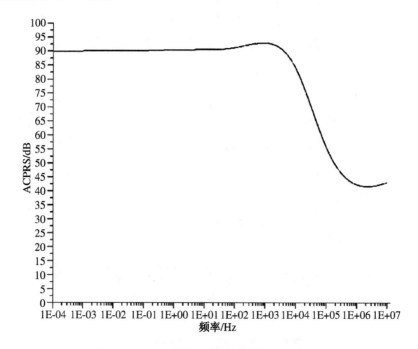

图 5.12 N_{supply} 模块 ACPSR 随频率变化的规律

从仿真结果可以得出,内部电源 N_{supply} 的 DCPSR 可达 88 dB,在低频时 ACPSR 高达 90 dB 以上,随着频率的升高,电源抑制比有所降低,但在高频状态下,ACPSR 仍可达到 43.0 dB。由此可见,N_{supply} 模块工作稳定,可以为逻辑模块和驱动阵列提供稳定的电压。

5.1.3 内部电源 P_{supply}

本电源的功能类似于 N_{supply} 模块,专门为逻辑与死区时间控制电路中的 PMOS 管提供稳定电压,确保逻辑模块中的 PMOS 管正常工作。

该模块的电路结构和 N_{supply} 模块的电路非常相似,主要由带有负反馈的运算跨导放大器和前端的一个电流镜构成,其中包含的跨导运放的结构和 N_{supply} 中 OTA 的结构是相同的,功能也是一样的,此处不再过多阐述,实际的 P_{supply} 电路如图 5.13 所示。

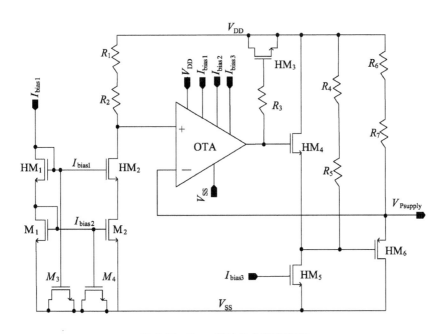

图 5.13 P_{supply} 模块的内部电路图

在实际设计过程中,将高压管 HM_2 与 HM_1 的个数设定为 4:1 的关系,当 $I_{\text{bias1}} = 16.7\,\mu\text{A}$ 时,流过 HM_2 支路的电流是 $66.8\,\mu\text{A}$。通过 R_1 和 R_2 的分压作用,在 OTA 的同相输入端产生一个稳定的电压,根据虚短虚断的原理,在反相输入

端的电压即为 $V_{P\,supply}$，由于 HM_1、M_1 和 HM_2、M_2 构成了电流镜，所以本模块的输出电压为：

$$V_{P\,supply} = V_{DD} - 4I_{bias1} \times (R_1 + R_2) \tag{5-35}$$

与 N_{supply} 电路分析同理，本节也对 P_{supply} 电路的 DCPSR 和 ACPSR 两种情况进行仿真，图 5.14 为直流情况下，电源电压波动对输出的影响。

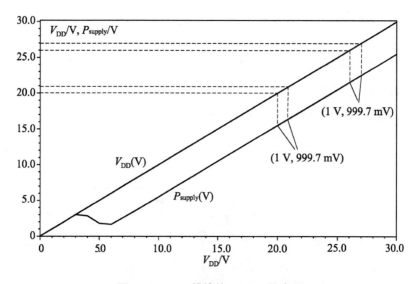

图 5.14 P_{supply} 模块的 DCPSR 仿真图

V_{DD} 从 20 V 变化到 21 V 时，输出信号 P_{supply} 跟随 V_{DD} 的变化为 999.7 mV；V_{DD} 从 26 V 变化到 27 V 时，输出信号 P_{supply} 的变化仍为 999.7 mV。由于 P_{supply} 的输出信号没有完全跟随 V_{DD} 电源电压变化，也就是说，本电路模块的输出产生了误差且误差变化相同。

所以在理想情况下，通过上述两次仿真的变化量可知，P_{supply} 的输出直流电源抑制比为：

$$DCPSR = 20\lg \frac{\Delta V_{DD}}{1 - \Delta P_{supply}} = 20\lg \frac{1\,V}{0.3\,mV} = 70.5\,(dB) \tag{5-36}$$

此处选取和 N_{supply} 中仿真 ACPSR 的条件一样，对电路的 ACPSR 进行仿真，仿真结果如图 5.15 所示。图中 V_{DD} 的波形表示叠加的输入波形，P_{supply} 的波形代表输出的电压信号。

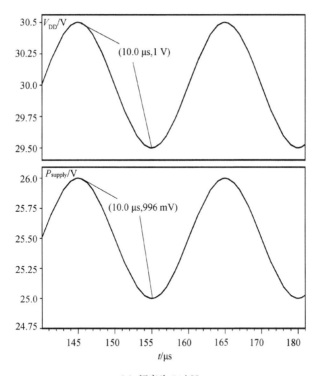

（a）频率为 50 kHz

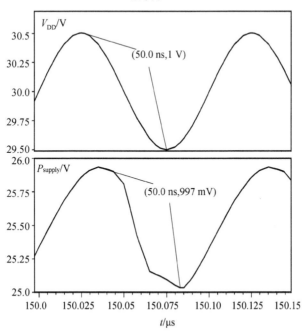

（b）频率为 10 MHz

图 5.15 P_{supply} 模块的 ACPSR 仿真图

由图 5.15 可知，V_{DD} 从 29.5 V 变化到 30.5 V 的过程中，频率的不同会导致输出信号 P_{supply} 产生变化，随着频率的升高，变化量也变大。为了更好地体现 P_{supply} 模块电路在交流电源变化的过程中，输出变化的具体情况，将图 5.15 中的变化值列表如下，具体数值对应于表 5.4。

表 5.4 P_{supply} 模块的交流电源抑制比

频率/Hz	ΔP_{supply}/mV	ACPSR/‰
1 k	998.4	1.6
10 k	993.1	6.9
50 k	996.0	4.0
100 k	990.8	9.2
1 M	997.1	2.9
10 M	997.0	3

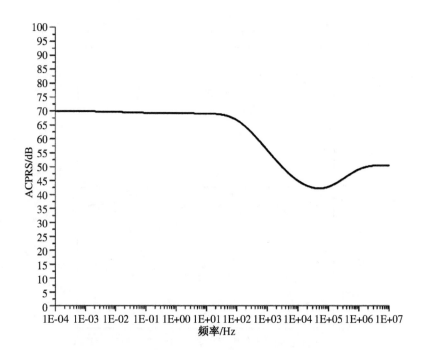

图 5.16 P_{supply} 模块的 ACPSR 跟随频率的变化规律

由于 P_{supply} 的输出电压是跟随电源电压 V_{DD} 变化的，所以其 ACPSR 的计算方法与 N_{supply} 的计算方法不同，其算法如下所示：

$$ACPSR = 20\lg \frac{\Delta V_{\text{DD}}}{1 - \Delta P_{\text{supply}}} \qquad (5\text{-}37)$$

P_{supply} 模块的 ACPSR 跟随频率的变化曲线如图 5.16 所示。通过对内部电源 P_{supply} 的仿真可以得出，该电路模块的 DCPSR 可达 70.5 dB。由于其输出电压应该保持与电源电压的跟随特性，所以在 1 kHz～10 MHz 内，ACPSR 始终保持在 50 dB 左右波动，并未有过大的起伏。这说明，P_{supply} 模块能够很好地跟随电源电压为逻辑模块的 PMOS 管提供稳定的电压。

5.2　光电信号前端处理模块

光电信号处理电路作为光电流产生后的第一级电路在整个光电耦合系统中显得非常重要。在光子射入光电检测阵列后，即有光电流产生。光电流产生后要经过前端处理单元和后端驱动单元，才能驱动后级 MOS 阵列。所以，对称结构的光电检测阵列是实现高速响应以及强驱动电流的基础。由 4.3.1 节可以看出，具有对称结构的光电检测阵列不仅可以利用其自身对称结构中"半遮半透"的特点有效地控制光电流的大小，同时也可以抑制由光信号传入的噪声，从而使整个电路保持很高的灵敏度。

本节主要介绍光电信号前端处理单元中的电路结构、工作原理以及仿真和实测结果。其中主要包含 TIA 模块、放大器（AMP）模块以及比较器（COMP）模块。文中提出差分型 TIA 电路配合 4.3.1 节的 PD 结构，使光电流更加有效地进入后级电路，同时利用差分结构消除输入级的共模噪声，后级的比较器和放大器及时对微弱信号进行放大。提出的 TIA 电路在一款基于 0.35 μm BCD 工艺设计的光电耦合器中进行了验证。测试结果表明，提出的 TIA 结构配合光电检测阵列工作正常，响应速度高，可以满足系统对高速响应的要求。

5.2.1　光电转换前级工作原理

当光电耦合器的输入端 LED 发光时，光子在空间腔体内入射至光电检测阵列,而光电信号的前级处理模块就是通过光电检测阵列接收光发射模块发出的光线,从而将其转换成光电流信号。从光电耦合器芯片的整体工作状态来看,当 LED 发光时,光电耦合器输出高电平的逻辑控制信号,当 LED 不发光时,输出端输出低电平。

在光电转换的前级处理模块中,TIA 电路的主要功能是将光电检测阵列输出的光电流转换为电压信号,该模块由偏置电路和两个跨阻放大器组成,且这两个跨阻放大器是完全对称相同的结构,这样的结构有效地消除了共模噪声的干扰。该模块中的光电二极管在反向偏置状态下称为光致电导工作模式,这种模式提高了光电二极管的响应速度和线性度,并且减小了寄生电容。

在图 4.10 所示的电路中,左右是完全对称的结构,假定右侧虚线框连接的是 Active PD,那么该电路中阻值为 60 kΩ 的电阻 R_{10} 不仅为 PD 模块提供反向偏压,同时也是该模块的增益,该电路将光电流转化为电压信号流入 AMP 模块中。此时 TIA 与 AMP 级联,其总的增益为两者乘积。所以本电路模块在设计的过程中,除了考虑响应速度外,还要与 AMP 模块级联,在全温度范围内,使这两部分总的增益 $270\text{ kΩ} < G_{\text{TIA}*\text{AMP}} < 360\text{ kΩ}$,最大变异量小于 10%。

5.2.2 放大器电路

由于光电流的大小受到入射光子数量以及强度的影响,所以当产生的光电流很微弱的时候,后级电路转换出的电压值就很小,这样的电压很难驱动其他模块的电路工作,同时也会受到周围噪声的很大的干扰,当环境噪声偏大时,这样微弱的电压很有可能被淹没,从而导致后级电路出现误判。所以该电压信号需要进一步放大,具体的电路如图 5.17 所示。

图 5.17 采用双端输入双端输出的差分放大器对输入信号进行放大,V_N 和 V_P 分别输入至由 $Q_1 \sim Q_4$ 构成的差分放大电路的同相输入端和反相输入端,此时 I_{bias2} 流入电路,通过 Q_5、Q_6 以及 Q_7 构成电流镜,形成放大电路的尾电流。

Q_9 和 Q_{10} 起到限幅作用,给 Q_3 和 Q_4 提供合适的偏置电压。V_N 作为输入电压接入 Q_1 的基极,当 V_N 为高电平时,Q_1 管导通,从而抬高 Q_3 的基极电位,使得 Q_3 管导通,V_N 经过 Q_1 这一级的放大后再经过 Q_3 构成的射极跟随器,在 Q_3 的发射极产生输出电压 V_{OP},此时,电流通过 Q_6 和 R_7 组成的电流镜镜像到 Q_7 和 R_8 组成的尾电流镜里。当 V_P 为高电平时,Q_2 管导通,电压经过这一级放大后,又

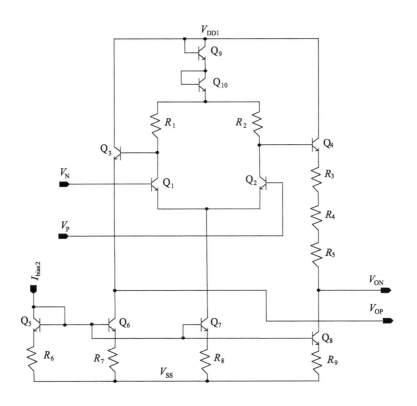

图 5.17　放大模块的内部电路图

经过由 Q_4、$R_3 \sim R_5$ 组成的射极跟随器,跟随器的输出串联了三个阻值均为 1.2 kΩ的电阻R_3、R_4 以及 R_5,经过电压采样后即可获得输出电压V_{ON}。在没有光电流产生时,由于串联电阻分压的作用,使得 V_{ON} 小于V_{OP}。

V_{REF} 模块中提供的偏置电流 I_{bias2} 为 16.7 μA,那么流过 Q_4 支路的电流也是 16.7 μA,所以阈值比较电平即为阈值电阻($R_3 \sim R_5$)两端的电压,可表示为:

$$V_{TH} = I_{bias} \times (R_3 + R_4 + R_5) = 16.7 \times 3.6 = 60.12 \, (\text{mV}) \qquad (5\text{-}38)$$

5.2.3　比较器电路

本模块用于将放大器输出电压 V_{ON} 和 V_{OP} 进行比较,同时将比较后的信号放大整形,使前级输入的信号变为更加稳定的逻辑信号。该模块由两级放大器和施密特触发器(Schmitt Trigger,SMIT)组成,具体电路如图5.18所示。

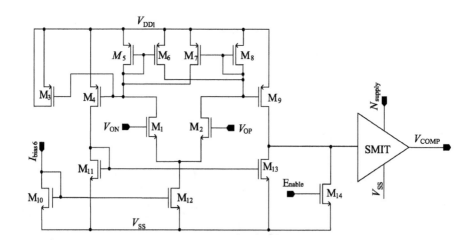

图 5.18 比较器的内部电路图

在电源建立、下降或电源突变的过程中,本芯片在光电信号处理的前端引入保护电路,对 SMIT 触发器进行控制,当电源电压不能使该模块正常工作时,保护电路输出高电平,将 SMIT 的输入端拉低,从而将该模块的输出置为低电平。与此同时,SMIT 还可以有效地隔离模拟信号和数字信号之间的干扰,同时也起到对信号整形的作用。

这是一个典型的双端输入单端输出比较器,一般情况下,当 V_{ON} 小于 V_{OP} 时,输出高电位,进入施密特触发器后整体输出为高电位,否则输出为低电位。比较器的输出端接入施密特触发器,其电路如图 5.19 所示。

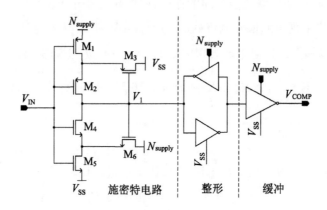

图 5.19 施密特触发器电路图

对于 SMIT 而言,当输入信号 V_{IN} 为低电平时,M_1 和 M_2 导通,M_4、M_5 截止,电路中的 V_1 为高电平,即:$V_1 \approx N_{\text{supply}}$。此时,$V_1$ 的高电平在使 M_3 截止的同时也将 M_6 打开且工作于源极输出态。那么,M_4 的源极电位为高电平,可表示为:

$$V_{\text{S4}} \approx N_{\text{supply}} - V_{\text{TN}} \tag{5-39}$$

式(5-39)中,V_{TN} 是开启电压,当 $V_{\text{IN}} > V_{\text{TN}}$ 时,M_5 导通,由于 M_4 的源极电压 V_{S4} 较大,即使 $V_{\text{IN}} > N_{\text{supply}}/2$,$M_4$ 仍不导通。当 $V_{\text{IN}} - V_{\text{S4}} \geqslant V_{\text{TN}}$ 时,M_4 导通,这样就会使 M_1 和 M_2 迅速截止,使得 V_1 变为低电平,电路输出 V_{COMP} 为低电平。当 V_1 为低电位时,M_6 截止,M_3 导通且进入源极输出器状态。同理,当 V_{IN} 下降时,电路的工作过程与 V_{IN} 上升过程类似,只有当 $V_{\text{IN}} - V_{\text{S2}} \geqslant V_{\text{TP}}$ 时,输出状态发生翻转,电路输出 V_{COMP} 变为高电平。

施密特电路具有两个阈值电压,整形电路利用头尾对接的反相器构建,当 V_1 变化时,利用两级反相的正反馈作用,使输出波形具有"陡峭"的脉冲沿。输出端的反相器在实施隔离的同时,还能提高后级电路的带载能力。同时 SMIT 利用回差电压的迟滞特性可以对输入信号中的不规则波形进行整形滤除,这部分的内容将在本书 7.2.2 节里讲述。

5.2.4　仿真结果

为了更好地分析所设计的光电耦合器对光电信号前端处理的结果,本节对前端光电处理模块进行瞬态分析与仿真。仿真条件设为:$T = -40\,℃ \sim 100\,℃$ 范围内,使用 $f = 50\,\text{kHz}$,$V_{\text{pp}} = 1.1\,\mu\text{A}$,占空比是 50% 的方波信号作为 I_{ph},上升时延和下降时延均为 10 ns。由于本模块的电源电压均来自 Regulator 模块,所以,在理想情况下输入电压为 4.5 V。为了更好地模拟电源滤波电路实际的电压波动情况,本书对电源电压分别选取 4 V、4.5 V 和 5 V 进行仿真,当 $V_{\text{DD1}} = 4$ V时的仿真结果如图 5.20 所示。

标"▲"的波形代表光电流 I_{ph},对应于图 4.10 中的 I_{P},由光电流转化而来的光电压 V_{N} 和 V_{P} 可用图 5.20 的(b)和(c)表示,再经过图 5.18 所示的放大器后,得到输出电压 V_{ON} 和 V_{OP},表示为(d)和(e)。图中分别用"●"、"■"和"▼"标志的波形代表−40℃、25℃以及 100℃时的仿真结果。

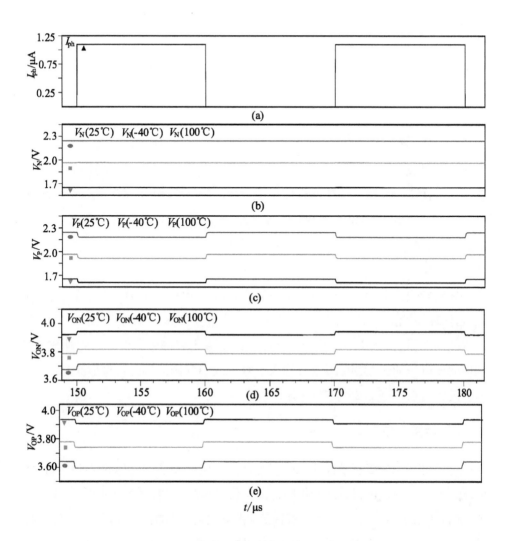

图 5.20 温度对输出电压影响的仿真波形

以 25 ℃的波形为例，此时产生的 $V_N = 1.98$ V，V_P 是与 I_{ph} 反向的电压信号，经过放大器产生的电压信号 V_{ON} 和 V_{OP} 是一对反向电压信号，其值分别为 $V_{ON} = 3.98$ V，$V_{OP} = 3.85$ V。随着温度的变化，本模块的输出电压也会有小幅波动，其波动范围最大为 300 mV。为了更加详细地将光电处理单元的各种工作情况进行表述，本书将大电流模式(FF)和小电流模式(SS)两种工艺角下的仿真数据分别列于表 5.5 中。

表 5.5 不同工艺角下光电处理模块的输出电压

温度/℃	大电流模式(FF)				小电流模式(SS)			
	V_N/V	V_P/V	V_{ON}/V	V_{OP}/V	V_N/V	V_P/V	V_{ON}/V	V_{OP}/V
−40	2.29	1.80	3.61	3.51	2.18	2.14	3.68	3.62
25	1.98	1.78	3.98	3.85	1.90	1.84	3.89	3.78
100	1.82	1.60	4.05	3.72	1.77	1.70	3.97	3.82

仿真结果表明,光电信号的前端处理模块功能正常,且无异常波形出现。在标准模式下,全温度范围内,由于 AMP 模块的 R_{TH} 是一个串联电阻,所以可以通过调节这个电阻阻值来改变总的阈值。在设计过程中,保证 R_{TH} 在 $3.6\sim 4.8$ kΩ 范围内。那么,$G_{TIA*AMP}$ 满足 216 kΩ $< G_{TIA*AMP} < 288$ kΩ。

输出电压的最大变化量出现在 −40℃ 与 100℃ 时,V_{OP} 的差值为 0.21 V;在不同工艺角的条件下,输出电压的最大变化量出现在 −40℃ 与 100℃ 时,其输出差值最大为 0.47 V。在实际的电路设计过程中,可以通过改变电容和电阻工艺漂移,将最大变化量控制在 10% 以内,从而确保产品的稳定性与一致性。

5.3 光电信号后端驱动模块

5.3.1 脉宽延迟电路

从光子入射至光电检测阵列,到光电信号的前端处理模块,各级电路在设计的过程中主要突出对响应速度的功能要求,而在整个系统的时序问题上并未作太多的考虑,这样就有可能会出现后级电路时延上的偏差,为了防止驱动电路在时序上出现偏差而导致功能上的错误,本模块在前级信号处理与后端驱动模块之间,引入脉宽延迟电路(PWD),一方面对前级信号的时序进行调整,从而平衡芯片整体的时序关系,同时将输入信号进一步整形,减少 V_{COMP} 信号中包含的噪声。

PWD 模块的输入信号是 COMP 模块的输出电压,在本模块的电路中,主要是利用串联电阻和电容进行滤波,并进行时间调整。其具体电路如图 5.21 所示。

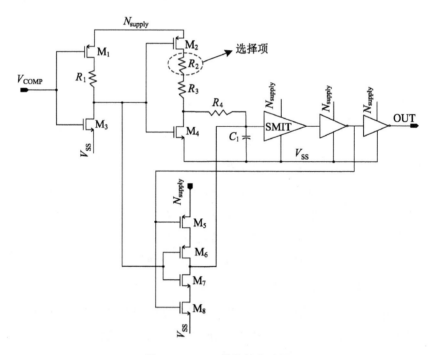

图 5.21　PWD 模块的电路图

由于 COMP 模块输出的电压是脉冲信号，所以当脉冲电压进入该模块后，PWD 电路就会对其时延进行整体控制。当 V_{COMP} 为高电平时，M_3 导通，此时 M_3 的漏极电压被拉低，从而使得 M_2 和 M_6 开始工作。M_2 导通后，在 N_{supply} 的作用下，电流流向由串联电阻 $R_2 \sim R_4$ 以及电容 C_1 组成的阻容滤波电路，利用电流给 C_1 充电；当输入变为低电平时，M_1 管导通，此时 M_3 的漏极电压被抬高，使得 M_4 和 M_7 导通，这时 C_1 就开始对 M_4、M_7 放电，通过这样的方式完成系统整体的时序调整。

根据电容充电公式：

$$V_t = V_0 + (V_C - V_0) \times \left[1 - \exp\left(-\frac{t}{RC_1}\right) \right] \tag{5-40}$$

其中，V_0 是 C_1 的初始电压，V_C 为终止电压。根据上述分析可知，当 C_1 两端的初值为零时，M_2 在导通的状态下用 N_{supply} 给 C_1 充电，考虑任意 t 时刻 C_1 两边的电压为：

$$V_{t} = N_{\text{supply}} \times \left[1 - \exp\left(-\frac{t}{RC_1} \right) \right] \tag{5-41}$$

所以充电时间可以表示为:

$$t = RC \ln \left(\frac{N_{\text{supply}}}{N_{\text{supply}} - V_t} \right) \tag{5-42}$$

在实际电路中,电阻的阻值和电容容值分别设计为 $R_2 = 100\,\text{k}\Omega$, R_3 和 R_4 均为 $100\,\text{k}\Omega$ 并且 $C_1 = 1.25\,\text{pF}$,那么就可以通过预先设定 V_t 的值来改变 C_1 的充放电时间,进而改变前级电路之间的时延。

下面对电路的时延进行仿真,本模块的输入信号采用的是幅值为 $V = 4.5\,\text{V}$、占空比是 50%、$f = 50\,\text{kHz}$ 的方波信号。在 T 为 $-40\,℃ \sim 100\,℃$ 范围内,对标准状态下的 PWD 模块进行仿真,其仿真结果如图 5.22 所示。

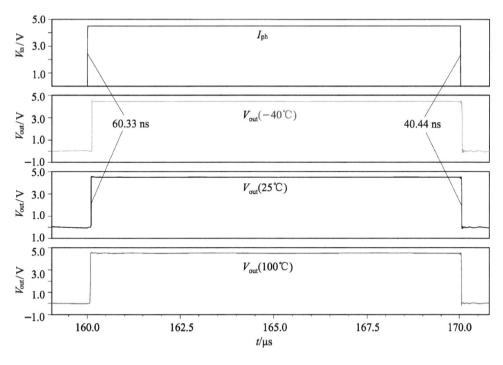

图 5.22 PWD 时延仿真图

由图 5.22 可知,当工作温度是 25℃时,从光电流输入到 PWD 模块的输出,上升沿时延为 60.33 ns,下降沿时延为 40.44 ns。

采用相同的条件和工艺模型对 −40℃ 和 100℃ 时的情况进行仿真,现将三种情况下的仿真数据列出,如表 5.6 所示,这样就可以更清楚地看到 PWD 模块在调整整片延迟时间的功能和重要性。通过仿真可以看出,该模块电路工作正常,波形没有异常现象发生,可以达到调节光电耦合器整体时延的目的。

表 5.6　PWD 模块在全温度条件下的时延

温度/℃	TT		FF		SS	
	T_{PLH}/ns	T_{PHL}/ns	T_{PLH}/ns	T_{PHL}/ns	T_{PLH}/ns	T_{PHL}/ns
−40	65.2	47.96	58.22	47.02	68.08	53.52
25	60.33	40.44	59.13	43.19	67	51.5
100	58.59	38.56	43.45	39.5	60.2	42.36

由于电阻电容在实际电路设计中的偏差在 10% 左右,所以为了减少电路整体时延受到工艺的影响,本书采用 NMOS 管制作电容 C_1,同时给电阻增加 Option(选择端),在版图中通过 Laser Trim(激光微调)来实现。

5.3.2　逻辑与死区时间控制电路

逻辑与死区时间控制(Logic_Deadtime)模块的主要功能是为了给驱动模块中的 PMOS 阵列和 NMOS 阵列产生栅极驱动信号 $P_{Driver1}$、$P_{Driver2}$ 和 $P_{Driver3}$ 以及 $N_{Driver1}$、$N_{Driver2}$ 和 $N_{Driver3}$。同时,实现对后级 MOS 阵列的死区时间控制,防止 PMOS 阵列和 NMOS 阵列同时导通损害后级元件。

由于电路通过叠加 MOS 阵列从而产生强驱动电流,所以用多组开关信号分别对 PMOS 和 NMOS 管进行实时控制,但是 PMOS 管和 NMOS 管的导通时间又必须有延迟,即应该达到 PMOS 阵列导通时,NMOS 关断;NMOS 阵列导通时,PMOS 关断的效果。因此,利用电平移位电路对 MOS 管的开关信号进行时间控制,具体电路如图 5.23 所示。

根据图 5.23 可知,$M_{26} \sim M_{37}$ 是一组电流镜组,为由 $M_{15} \sim M_{25}$ 构成的双端转单端比较器架构提供尾电流。其中 M_{26} 受到输入电压 UVLO 的控制。为了防止后级强电流通过衬底对低压信号的干扰,通过 M_{14} 给比较器增加失调,这样可以防止噪声的干扰使系统产生误操作。

本模块的输入信号分别为 UVLO 和 PWD 的输出信号。图 5.23 中分别表示为 UVLO 和 Photo_Detect。当芯片处于欠压状态时,UVLO 为低电平,此时 $P_{Driver1}$～$P_{Driver3}$ 为高电平,$N_{Driver1}$～$N_{Driver3}$ 为低电平,驱动模块中的 MOS 阵列均关断。这时有一小股电流将输出电压 V_{out} 拉低,防止输出产生不确定状态。

当系统脱离欠压状态时,UVLO 为高电平,此时,如果接收端的光电检测阵列接收到入射光子,即有光电流产生,光电流通过前端的信号处理电路和 PWD 模块后进入本模块,所以 Photo_Detect 从低电平变为高电平,经过其后的逻辑电路 $N_{Driver1}$～$N_{Driver3}$ 先变低(此时,后级 NMOS 阵列关断)。然后经过反馈信号线 FB_Line,再产生信号 LC1、LC2。LC1 和 LC2 经过高低电平转换和死区时间控制电路,使得 $P_{Driver1}$～$P_{Driver3}$ 变低(此时,后级 PMOS 阵列打开)。可见这个过程中,在 PMOS 驱动管打开之前,NMOS 驱动管均已关断。至此完成信号由低变高时的死区控制。

当光信号从有变无时,此模块输入信号从高到低,在没变之前,即输入信号为高时,$P_{Driver1}$～$P_{Driver3}$ 为低电平,$N_{Driver1}$～$N_{Driver3}$ 为低电平。当模块输入信号变成低时,经过一个与非门和一个非门后,变成低电平,再分别输入到一个或非门,一个与非门。对于或非门而言,由于是输入低电平,所以要等待 LC3 信号,低电平信号先经过与非门产生 LC1 和 LC2,再经过电平移位电路,使 $P_{Driver1}$～$P_{Driver3}$ 变为高电平,同时产生 LC3,经过 LC3 信号之后的一系列延时信号,才使 $N_{Driver1}$～$N_{Driver3}$ 变为高电平,即 NMOS 管导通之前 PMOS 管已关断。这就是信号由高变低时的死区控制。

对于逻辑模块仿真时,设定仿真条件为:$V_{DD}=30$ V,$f=50$ kHz,选取 $I=2.5\ \mu A$,占空比是 50% 的方波信号模拟光电流,在 $T=25$℃ 的标准模式下,对本模块功能进行仿真,仿真结果如图 5.24 所示。

由图 5.24 可以看出,当 UVLO 的输出为高电平时,在光电流的作用下,LC1 和 LC2 的输出等大反相,同时,LC3 的输出是与光电流同相的方波信号,这与电路的分析结果完全一致;同理,当光电耦合器的输入端没有光子入射时,光电信号的前端电路输出为 0,则从 PWD 模块输出的电位为低电平。此时,对逻辑模块的仿真结果如图 5.25 所示。

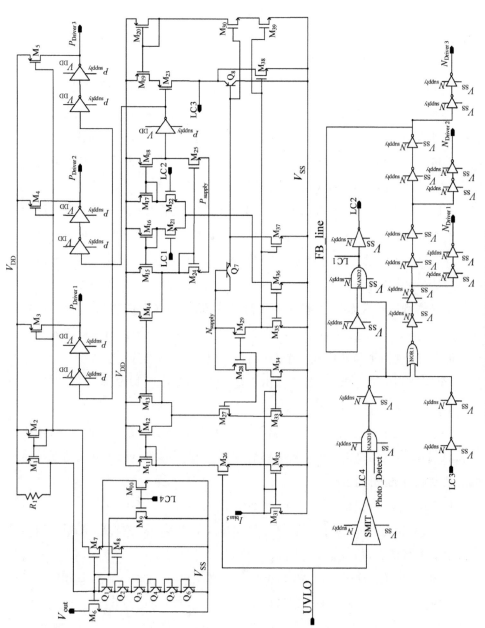

图 5.23 逻辑与死区时间控制电路图

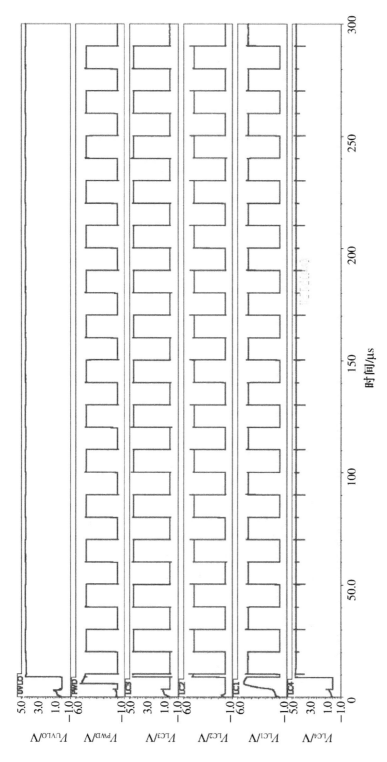

图 5.24　有光电流时逻辑模块的仿真波形

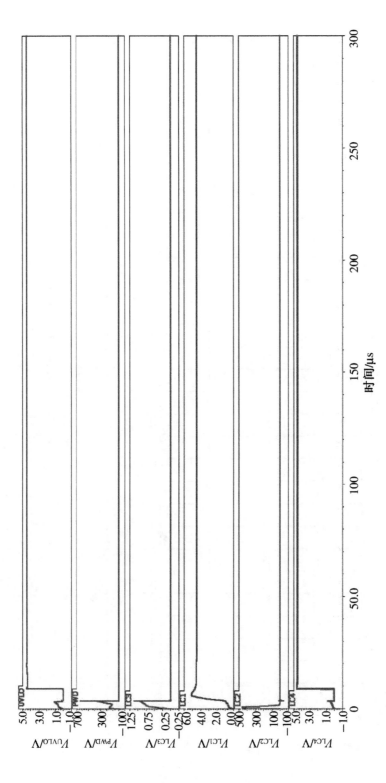

图 5.25 无光电流时逻辑模块的仿真波形

由图 5.25 可见，当电路里没有光电流产生时，LC1 始终为高电平，而 LC2 和 LC3 就变为低电平，LC4 为高电平。此时，总的输出保持低电位，确保系统输出为低，不会产生误操作。

为保证后级驱动电路中的 MOS 阵列不出现"短路"现象，本模块还需要对 MOS 管的导通时间进行控制，目的是当逻辑模块的 P_{Driver} 信号输出时，驱动电路中的 PMOS 管导通，同时保证所有的 N_{Driver} 输出为低电平，驱动电路中的 NMOS 阵列关闭；而当逻辑电路中的 N_{Driver} 信号输出时，后级的 NMOS 管导通，PMOS 阵列关闭。这样就可以避免 PMOS 管和 NMOS 管同时导通。此处利用与逻辑模块相同的仿真条件，在 $T=25$℃ 时对死区时间进行仿真，结果如图5.26所示。

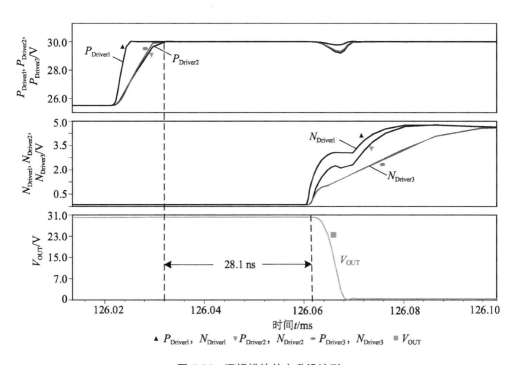

图 5.26　逻辑模块的上升沿波形

由图 5.26 可知，标"▲"的波形分别是 $P_{Driver1}$ 和 $N_{Driver1}$ 信号，标"▼"的波形是 $P_{Driver2}$ 和 $N_{Driver2}$ 信号，标"●"的波形则是 $P_{Driver3}$ 和 $N_{Driver3}$ 信号，标"■"的波形是输出电压信号。P_{Driver} 以 V_{DD} 为参考，输出电压为 $V_{DD}-4.5$ V，N_{Driver} 以 V_{SS} 为

参考,输出值为$V_{SS}+4.5$ V 的电压信号。高压 PMOS 需要高压,低压 NMOS 需要低压。当 P_{Driver} 在输出高电平上升沿时,N_{Driver} 信号保持低电平。此时后级驱动电路中的 PMOS 阵列开始工作,而 NMOS 管关闭,系统输出为高电位。经过大约 28 ns 后,N_{Driver} 输出为高电平,此时系统输出为低电位。

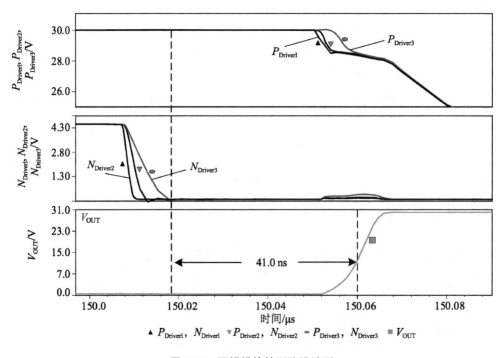

图 5.27 逻辑模块的下降沿波形

为了确保在下一级驱动模块中 NMOS 阵列以及 PMOS 阵列能够正常工作,同时在时序上能够保持轮番导通,图 5.27 所示的是分别对 NMOS 和 PMOS 的栅极驱动信号进行仿真,由以上的仿真结果可知,输出信号上升沿的死区时间是 28.1 ns,输出信号下降沿的死区时间是 41.0 ns。

5.3.3 驱动电路

驱动模块位于集成光电耦合器的最后一级,通过逻辑控制模块输出的 Driver 信号驱动本电路中的 MOS 阵列,从而产生可以驱动芯片外部大功率的 MOSFET 或 IGBT 的驱动信号。

当前级逻辑模块中输出驱动信号后,由死区时间电路进行控制,从而使本电路采用轮番导通的方式进行工作,获得最大的输出电流。当 PMOS 管被驱动时,NMOS 管关断;当 NMOS 管工作时,PMOS 管关断。这样,就会在芯片的输出端产生一个稳定的脉冲信号,可以作为后级电路的驱动电流使用。在实际电路中驱动模块内部并联了数个同类型、同宽长比的 MOS 管,用以产生更大的驱动电流,具体电路如图 5.28 所示。

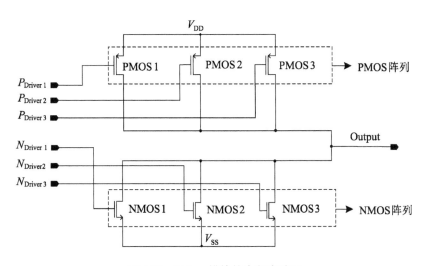

图 5.28 Driver 模块的内部电路图

图 5.28 中上面虚线框里是 PMOS 阵列,下面虚线框中是 NMOS 阵列,分别受到 P_{Driver} 和 N_{Driver} 驱动从而轮番产生输出电流。为了更好地表达输出电流的大小,选取 $V_{DD}=30$ V,光电流 $I_{ph}=1.1$ μA 时,对光电耦合器进行整体仿真,分别观测其最大输出电流和最小输出电流,仿真结果如图 5.29 所示。

由仿真结果可以看出,在稳定光电流的驱动下,光电耦合器可以正常工作,其正向输出电流最大值可以达到 2.0 A,反向输出电流可以达到 2.5 A。

由于等效阻抗 R_{DS} 不仅会影响芯片的总体功耗,同时与输出电流 I_{OH}、I_{OL} 相互制约,所以也可以用 R_{DS} 来表征芯片的驱动能力,本节对光电耦合器芯片的等效阻抗进行了仿真,结果如图 5.30 所示。

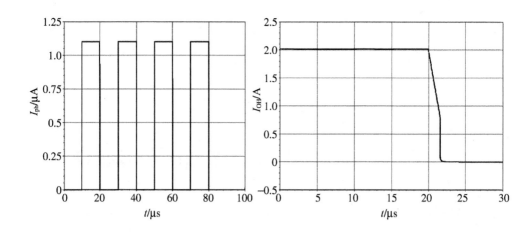

(a) 正向输出电流 I_{OH}

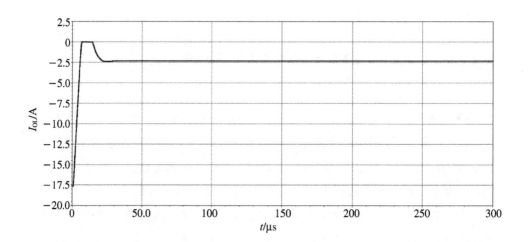

(b) 反向输出电流 I_{OL}

图 5.29   输出电流仿真结果

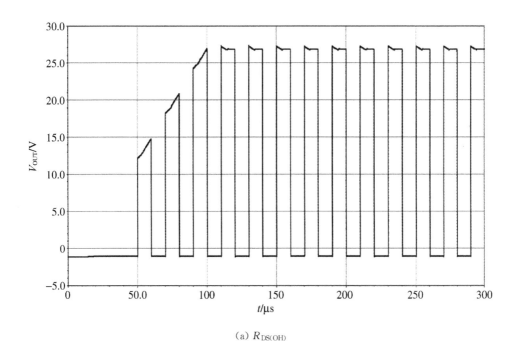

(a) $R_{DS(OH)}$

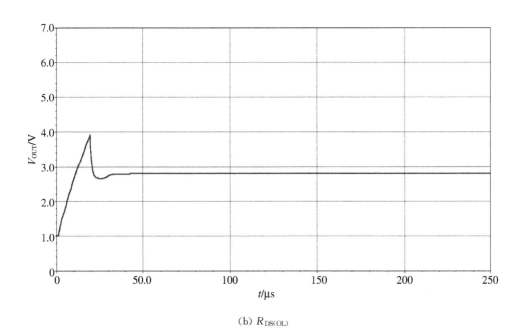

(b) $R_{DS(OL)}$

图 5.30 光电耦合器的等效阻抗

由图 5.30(a)可以看出,芯片的输出电压为 27 V,而系统仿真的电源电压为 30 V,那么根据输出电流的仿真结果可知,当输出电流 I_{OH} 稳定在 2.0 A 时,则等效阻抗为:

$$R_{\mathrm{DS(OH)}} = \frac{V_{\mathrm{DD}} - V_{\mathrm{OUT}}}{I_{\mathrm{OH}}} = 1.5 \text{ Ω} \tag{5-43}$$

同理根据图(b)可知,当 $V_{\mathrm{OUT}} - V_{\mathrm{SS}} = 2.7$ V 且 $I_{\mathrm{OL}} = 2.5$ A 时,等效阻抗为:

$$R_{\mathrm{DS(OL)}} = \frac{V_{\mathrm{OUT}} - V_{\mathrm{SS}}}{I_{\mathrm{OL}}} = 1.08 \text{ Ω} \tag{5-44}$$

5.3.4　实验结果与讨论

为了更好地验证光电耦合器在实际工作中的驱动电流能否达到设计标准,在实测条件和仿真条件相同的情况下,按照图 5.31 进行连线测试,测试结果如图 5.32 所示。

图 5.32(a)中正向驱动电流 I_{OH} 的峰值可达2.6 A,图(b)负向驱动电流 I_{OL} 是 2.5 A 以上。测试结果表明,在实际应用中,本设计的输出峰值电流已具备强驱动的能力。

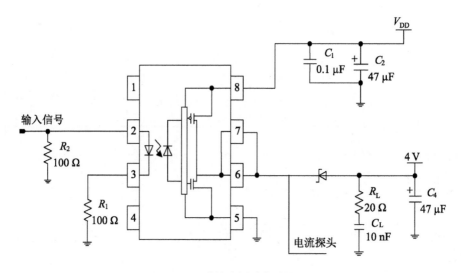

图 5.31　驱动能力测试电路原理图

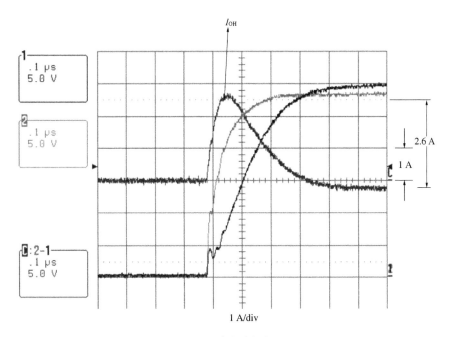

（a）正向驱动电流

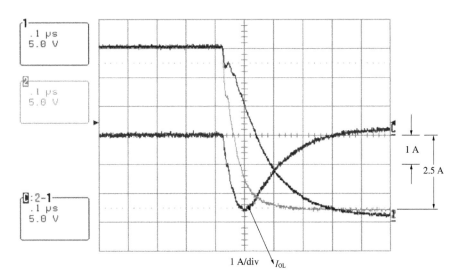

（b）反向驱动电流

图 5.32 驱动电流峰值波形测试图

5.4 双补偿 $I\text{-}V$ 转换电路

5.4.1 $I\text{-}V$ 转换的基本原理

光检测电路首先通过光接收阵列将接收到的光信号转换成光电流,然后利用跨阻放大器(TIA)将电流信号转换为电压信号。如图 5.33 所示是常用的一种由运放和反馈电路(R_f)组成的跨阻放大器。由于 PIN 光电二极管具有较好的线性特性,外加体积小、稳定和价格便宜等优点,一般红外接收芯片均用其构建光检测阵列。$I\text{-}V$ 转换一般采用跨阻放大器,其跨阻增益可表示为:

$$A = \frac{V_{\text{out}}}{I_{\text{in}}} = R_f \tag{5-45}$$

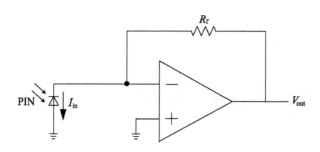

图 5.33 $I\text{-}V$ 转换电路图

在实际应用中,由光检测阵列产生的光电流范围在几皮安(pA)到几百微安(μA),要把信号放大到后级处理水平,R_f 数值至少在几百千欧范围。所以在环境光较强的情况下,光检测阵列产生的光电流里直流分量就会很大,可达几百微安,这样很容易造成跨阻放大器输出饱和。为了解决以上问题,可采用变阻结构作为反馈增益,则改进型的 $I\text{-}V$ 转换电路如图 5.34 所示。

当直流环境光较大,MN_1 和 MN_2 都导通时,变阻结构等效阻抗为:

$$R_{\text{eq}} = (R_1 + R_2 + R_3) - \frac{I_{C1} + I_{C2}}{I_P}R_1 - \frac{I_{C2}}{I_P}R_2 \tag{5-46}$$

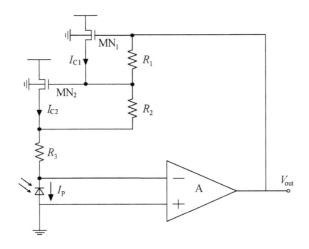

图 5.34 改进的 I-V 转换电路图

其中，I_{C1} 和 I_{C2} 分别代表 MN_1 和 MN_2 中流过的电流，I_P 代表有光检测阵列产生的光电流。当环境光很强时，该结构能有效避免 V_{out} 饱和，但缺点也很明显，即随着变阻结构的等效阻抗变小，跨阻放大器的增益也随之减小，这样就降低了光检测电路的灵敏度。为了解决这个问题，本文提出了一种既能抑制直流环境光噪声，又不影响跨阻放大器增益的 I-V 转换电路。

5.4.2 电路设计及原理分析

如图 5.35 所示是本文设计的 I-V 转换电路的核心电路结构，由直流补偿电路、偏置及交流补偿电路以及跨阻放大器三部分构成。直流补偿电路用来提供输入信号的直流成分 I_{DC}，使得只有 I_S 进入 TIA 进行放大，避免过大的直流成分流入后级电路引起饱和失真；交流补偿电路则用来提高直流补偿电路的交流阻抗，以减小流入直流补偿电路的 I_S 的比例，从而提高光检测电路的灵敏度；最后跨阻放大器将输入的电流信号 I_S 转换成电压信号。

（1）直流补偿电路设计

直流补偿电路就是如图 5.34 所示的变阻结构，提高了该电路的过流能力，此处用 NPN 管 Q_1 和 Q_2 代替了 MOS 管。总电阻 $(R_1+R_2+R_3)$ 在几百千欧，与 TIA 的直流输入阻抗的并联值即为芯片的直流输入阻抗，所以二者阻值必须相匹配。

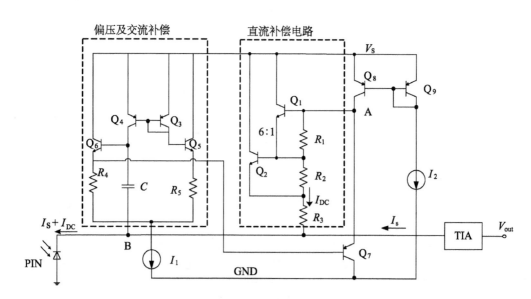

图 5.35　带双补偿结构的 I-V 转换原理图

（2）偏置及交流补偿电路设计

给 PIN 光电二极管两端加一定的反偏电压，能增加光电二极管耗尽层的宽度，大大减小了其寄生电容，同时提高载流子在耗尽层内的漂移速度，进而缩短了光电二极管光电转换的响应时间。本设计中的 PIN 光电二极管工作在反偏条件下。如图 5.35 所示，Q_3、Q_4 构成 1∶1 电流镜，Q_5、Q_6、R_4 和 R_5 构成对称结构，所以有：

$$V_A = V_{bQ5} = V_{bQ6} = V_S - V_{BE} \tag{5-47}$$

V_A 经 R_1、R_2 和 R_3 分压后给 PIN 提供偏压信号，所以 PIN 光电二极管的偏置电压为：

$$V_B = V_A - (V_{R1} + V_{R2} + V_{R3}) = V_S - V_{BE} - (V_{R1} + V_{R2} + V_{R3}) \tag{5-48}$$

由此可见，随着输入光电流 I 的增加，PIN 的偏压信号减小。

交流补偿电路的设计是 I-V 转换电路关键所在，关系到光检测电路的灵敏度。当输入信号中直流很大时，直流补偿电路阻抗变小，从而使绝大部分直流流过该支路，避免了后级跨阻放大器的饱和失真。但该低阻抗通路在滤掉直流噪声成分的同时也会分流相当一部分的 I_S 信号,这是我们不希望看到的,因此在输入端与 Q_6 基极间加入了一个电容,引入交流补偿回路来增加直流补偿通路的高频阻抗。

对于 I_S 输入信号,信号会在 B 点产生压降 ΔV,经过 C、Q_6 和 Q_7 构成的通路,在 A 点产生几乎相同的压降 ΔV,使得 $V_A - V_B \approx 0$,分流到直流补偿通路中的 I_S 信号很小,对 I_S 来说直流补偿通路的阻抗相当大,从而使所需信号的绝大部分的 I_S 输入到 TIA 模块,提高了系统对输入信号的灵敏度。

(3) 跨阻放大器设计

跨阻放大器将输入的电流信号 I_S 转换成电压信号。该部分为了实现信号放大的功能,且不引起输出电压 V_{out} 饱和,分别引入直流反馈和交流反馈两条不同的负反馈通路。如图 5.36 所示,R_2、Q_4、Q_5、Q_6、Q_7 以及 Q_8 构成直流负反馈环路,使反相端直流电位 $V_- = V_+ = V_{ref1}$。R_f 引入交流负反馈,起到放大 I_S 信号的作用,由于 I_S 很小,R_f 一般在几千欧左右,且必须要大于等于直流补偿电路中的总电阻 ($R_1 + R_2 + R_3$),目的是提高跨阻放大器的直流输入阻抗,减小 V_{out} 端的饱和失真。

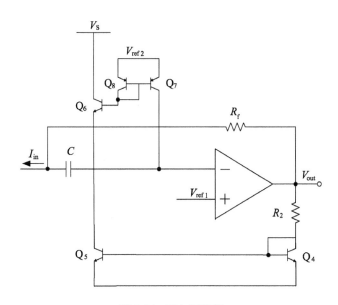

图 5.36 TIA 原理图

运算放大器的内部结构如图 5.37 所示。由于工作于 3 V 电压下,采用 MOS 电流镜作为负载,提高了运放的增益。输入采用 NPN 对管,是为了引入图 5.36 中的直流负反馈。

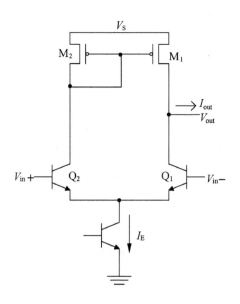

图 5.37 运放内部结构

设尾电流为 I_E ,则运放跨导可表示为:

$$g_m = -\frac{I_E}{2V_T}\left[1 - \tanh^2\left(\frac{\Delta V_{BE}}{2V_T}\right)\right] \qquad (5-49)$$

运放增益为:

$$A = -g_m(r_{Q1} /\!\!/ r_{M1})$$
$$= -\frac{I_E}{2V_T}\left[1 - \tanh^2\left(\frac{\Delta V_{BE}}{2V_T}\right)\right](r_{Q1} /\!\!/ r_{M1}) \qquad (5-50)$$

5.4.3 仿真结果

此 $I\text{-}V$ 转换电路基于 0.6 μm BiCMOS 工艺,并通过 Hspice 进行了仿真验证。仿真条件为 25℃下全典型模型。

　　图 5.38 是在没有交流补偿,不同直流输入情况下的频率响应。可见,随着环境直流噪声的增加,I-V 转换的跨阻增益降低。图 5.39 是加入交流补偿后,不同直流输入下的频率响应。在有效的信号频率范围内(30 kHz~60 kHz),增益变化很小。

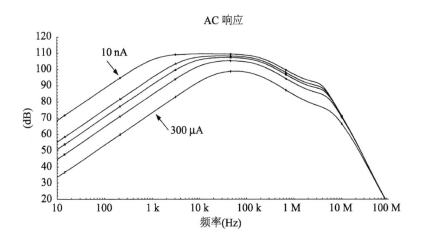

图 5.38　没有交流补偿时不同直流输入情况下的频率响应

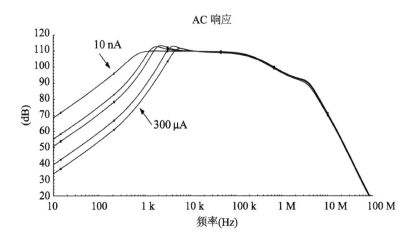

图 5.39　有交流补偿时不同直流输入下的频率响应

5.4.4 开关电容放大器电路设计

由于像素电路的第一级电路 I/V 转换电路的放大能力有限,导致输出电压的变化量很小,在光强变化小时,若直接将 I/V 转换电路的输出电压与固定的比较器阈值进行比较,由于像素的灵敏度太低,最终将不能产生事件,所以设计一种开关电容放大器,对 I/V 转换电路输出电压的变化量进行放大,使得很小的 I/V 转换电路输出电压的变化量经过放大后叠加在开关电容放大器的输出电压上,从而提高像素电路的灵敏度而最终产生事件。

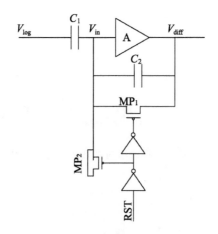

图 5.40　开关电容放大器电路图

如图 5.40 所示为设计的开关电容放大器电路图,其功能是对 I/V 转换电路输出电压的变化量进行放大。其工作过程分为两个阶段:采样阶段和放大阶段。

采样阶段:开关电容放大器的输出电压 V_{diff} 达到阈值比较器的上下阈值,后续电路产生低有效的 RST 信号来控制开关管 MP_1 导通,使得电容 C_2 两端的电位相等。

放大阶段:RST 信号无效,开关管 MP_1 关断,输入电压 V_{diff} 的变化会引起电容 C_1 和 C_2 两端的电荷发生变化:

$$\Delta Q_0 = \Delta V_{\text{log}} \cdot C_1 \tag{5-51}$$

电容 C_1 两端的电荷变化只能转移到电容 C_2 上,即有:

$$\Delta Q_1 = -\Delta Q_0 = \Delta V_{\log} \cdot C_1 = \Delta V_{\text{diff}} \cdot C_2 \qquad (5\text{-}52)$$

进一步可得：

$$\Delta V_{\text{diff}} = -\frac{C_1}{C_2} \cdot \Delta V_{\log} \qquad (5\text{-}53)$$

由式(5-53)可知,输入电压变化量会引起输出电压变化量反向放大,放大倍数为两电容的比值。实际中会有一些非理想因素对电路产生影响,如放大器内部的寄生电容产生的影响。实际放大阶段的开关电容增益如下式所示：

$$\frac{V_{\text{diff}}}{V_{\log}} = \frac{C_1}{C_2}\left(1 - \frac{C_1 + C_2 + C_{\text{in}}}{C_2} \frac{1}{A_V}\right) \qquad (5\text{-}54)$$

其中,A_V 为运算放大器的开环增益,C_{in} 为放大器的寄生电容。由式(5-53)和式(5-54)可知,实际放大倍数要小于电容比,要使闭环增益接近理想值,运算放大器的开环增益要尽量大,可以通过增大管子宽长比来提高运算放大器的开环增益,但同时也会增大寄生电容 C_{in}。从式(5-54)可知,可以将开环增益设计为正常大小,通过增加电容比来获得合适的放大倍数。另外由于采用的工艺模型的模拟电源电压为 3.3 V,本文设计的开关电容放大器的输出电压直流工作点在 1.6 V,使光强变化时开关电容放大器的输出电压在 1.6 V 上下变化。

对于开关电容放大器的开关管 MP_1,在开关断开的瞬间,开关管电荷的变化会对电路的性能产生一定的影响：

（1）电荷注入

当开关管 MP_1 处于导通状态时,二氧化硅和硅界面存在沟道,开关导通时 $V_{\text{in}} - V_{\text{diff}}$,反型层中的电荷量为：

$$Q_{\text{ch}} = WL\,C_{\text{ox}}(-V_{\text{in}} - V_{\text{th}}) \qquad (5\text{-}55)$$

其中,L 为沟道的有效长度,V_{TH} 为开关管的阈值电压,当开关断开时,Q_{ch} 会通过开关管的源端和漏端流出,假设沟道中的电荷从源端和漏端各流出一半,注入到左边的电荷流入 C_1 和 C_2 上,引起电压 V_{in} 的变化,并经过放大器放大后输出;注入右边的电荷沉积在 C_2 上,给输出电压直流工作点带来影响。左右两边电荷注入给输出电压带来的误差为：

$$\Delta V_{1左} = \frac{WL\,C_{ox}(-V_{in}-V_{th})}{2(C_1+C_2)}\,A_V \qquad (5\text{-}56)$$

$$\Delta V_{1右} = \frac{WL\,C_{ox}(-V_{in}-V_{th})}{2\,C_2} \qquad (5\text{-}57)$$

由式(5-56)和式(5-57)可知,在开关管 MP_1 沟道电荷从源端和漏端各流出一半的情况下,流入到左边的电荷给输出电压带来的误差是流入到右边电荷给输出电压带来的误差的开环增益倍。

(2) 时钟馈通

除了沟道电荷的注入,开关管 MP_1 还会通过其栅源和栅漏交叠电容将时钟跳变耦合到采样电容上。这种效应也会给输出电压带来误差,假设栅源和栅漏交叠电容都为 WC_{ov} 且保持不变,则时钟馈通效应给输出电压造成的误差为:

$$\Delta V_{2左} = V_{DD}\frac{WC_{ov}}{WC_{ov}+(C_1+C_2)}\,A_V \qquad (5\text{-}58)$$

$$\Delta V_{2右} = V_{DD}\frac{WC_{ov}}{WC_{ov}+C_2} \qquad (5\text{-}59)$$

其中,C_{ov} 为单位宽度的交叠电容。此误差电压与输入电压无关,是固定的失调电压。由式(5-58)和式(5-59)可知,开关管 MP_1 在开关左边的时钟馈通效应对输出电压带来的误差约为在开关右边带来误差的开环增益倍。

由于电荷注入效应和时钟馈通效应在开关左边造成的影响更大,所以在开关左边增加 RST 信号驱动的虚拟开关管 MP_2,当 MP_1 断开时,MP_2 导通,MP_1 向左边注入的沟道电荷被 MP_2 吸收用以建立沟道,则有:

$$\frac{1}{2}Q_{ch} = W_2 L_2\,C_{ox}(-V_{in}-V_{th}) \qquad (5\text{-}60)$$

所以选择 $W_2=0.5W_1$,$L_2=L_1$。且此时抑制住了时钟馈通效应,因为:

$$-V_{DD}\frac{W_1\,C_{ov}}{W_1\,C_{ov}+(C_1+C_2)+2\,W_2\,C_{ov}}$$

$$+V_{DD}\frac{2\,W_2\,C_{ov}}{W_1\,C_{ov}+(C_1+C_2)+2\,W_2\,C_{ov}}=0 \qquad (5\text{-}61)$$

5.5　本章小结

本书针对如何提升光电耦合器后级驱动能力的问题,对光电信号的前端处理模块以及后端驱动模块做了详细的研究,在阐明光电耦合器三种内部电源的基础上,提出了光电信号后端驱动模块的电路架构,从而达到后级强驱动电流的输出能力。

通过具有对称结构的光电转换模块,不管是微弱的光信号还是强烈的光信号,在通过光电信号前端处理模块后,均有稳定的电压信号输出。该电压信号输入后端驱动模块,从而完成对前级信号的时延调整,通过采用逻辑与死区时间控制模块产生后级 MOS 管的输出电流,利用级联 MOS 管,采用轮番导通的方式输出高达 2.5 A 的驱动电流。

本章所提出的电路结构简单,易于实现,且输出电流不随工艺、温度、电源电压变化而变化,适用于各类大型电力电子工作系统中,对其他光电处理电路的设计具有借鉴作用。

在强电流驱动的设计和应用中,还有几点需要特别注意。首先是系统时延问题,一定要避免输出级在输出大电流的状态下出现 PMOS 阵列和 NMOS 阵列同时导通的情况。其次,在版图的设计中,尽量采用隔离式器件,这样既能保证该器件正常工作,同时也能防止输出端的大电流干扰到输入端时对器件的损害。

第六章

提高系统稳定性的设计技术研究

通过对芯片功能上的改进,实现了系统稳定性的大幅度提高。对于 LED 灯照明系统,采用恒流控制技术,使 LED 灯上的电流长期保持固定值,从而延长 LED 灯的寿命。对于荧光灯照明系统,通过增加预热/点火功能,实现荧光灯灯丝预热,从而减少甚至消除快速上电引起的灯丝"溅射",延长荧光灯寿命;同时加入死区时间控制,使外接功率管实现 ZVS(Zero Voltage Switch,零电压开关)。

6.1 系统初侧稳定性设计

6.1.1 初级侧调制研究的意义和背景

随着电子产品的广泛应用,人们对电源的要求越来越严格。例如,LED 驱动器需要的是恒定电流,而锂电池充电器则需要恒定电流和恒定电压。幸运的是,可以把交流电转换为直流电的 AC-DC 变换器通过使用半导体器件能满足这些要求。反激式变换器由于可以提供输入/输出隔离,同时其使用的半导体和磁性组件的数目低于其他开关电源,因而被广泛用于 AC-DC 变换器。

反激式变换器既可以工作在脉冲频率调制(PFM)模式下,又可以工作在脉冲宽度调制(PWM)模式下,同时还可以工作在调制脉冲跳跃模式(PSM)下。为了提高效率,大多数 AC-DC 变换器在重载状态(恒流状态)下工作在 PWM 模式,轻载状态(恒压状态)下工作在 PFM 或 PSM 模式。为了实现恒流,大多数 AC-DC 变换器工作在 PFM 模式或 PWM 模式。与 PWM 模式相比,PFM 模式可以使系统的应用电路获得更高的效率。当 PWM 模式和 PFM 模式的外部电路相同时,它们具有相同的最大效率。但是在应用电路达到最大功率之前,

PFM 模式所控制电路的转换效率远高于那些由 PWM 模式所控制的电路。更重要的是,误差放大器、环路增益和响应速度都会影响 PWM 控制。而且 PFM 模式控制的电路比 PWM 模式控制的电路具有更快的响应速度。如今,要实现恒定电流,AC-DC 变换器就需要次级回路控制电路以及光电耦合器,这样系统的应用电路就变得很复杂,而且其成本也会很高。基于上述因素,为了去除光耦和次级环路控制电路,提出了一种新型的基于辅助绕组反馈和 PFM 模式的 CC (恒流)控制电路,从而大大简化了应用电路,降低了整体成本。在恒流区,当负载变化时,本书中提出的电路将改变系统的工作频率,通过调节输入功率来实现恒定电流的目的。本书提出的恒定电流控制电路用于 5 V/1 A 恒定电流(CC, Constant Current)和恒定电压(CV, Constant Voltage)的 AC-DC 变换器中。该 AC-DC 变换器以 0.5 μm BCD 工艺制作。实验结果证明该 AC-DC 变换器在改变它的输入电压和负载电阻时可以得到 1 A 的恒定电流。

6.1.2　方法描述

　　由于传统的离线隔离 LED 照明方法总是使用变压器次级侧的反馈信号,其需要一个复杂的应用环境,这会提高整个电路的成本,阻碍绿色照明光源的广泛使用。因此,本书引入了一个初级侧反馈的 PFM 恒流控制方法,并将该方法应用在一个 5 V/1 A 的基于反激式拓扑的 CC/CV AC-DC 变换器中。系统的结构体系如图 6.1 所示。

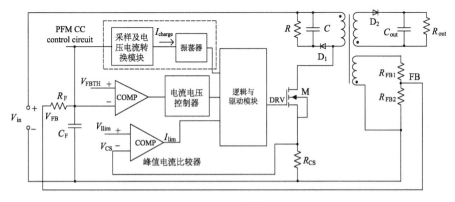

图 6.1　系统结构图

开始时,输出电压比较低,所以在 FB 引脚的采样电压值不高,小于 V_{FBTH}。此时,CV 控制电路不工作,PFM CC 控制电路工作在正常状态。随着开关 MOS 器件的连续打开和闭合,输出电压保持上升。此时系统仍工作在 CC 区,FB 引脚的反馈电压将不会超过 V_{FBTH},这使 CV 控制电路不工作。输出负载的变化将改变采样的 FB 电压,因此 V_{FB} 的变化影响功率 MOSFET 的工作频率。当 FB 电压增加时可通过改变系统的工作频率来调整输入功率的大小,从而提供恒定的输出电流调节。在 CC 调控模式时,随着 FB 的电压接近 V_{FBTH},系统开始工作在 CV 模式。在这一点上,系统得到 CC/CV 特性曲线的峰值功率点,而且 CV 模式下开关频率也在该点达到其最大值。恒压控制电路调节 FB 的电压使其保持在 V_{FBTH},FB 的电压在高电压开关关断 $2.5\,\mu s$ 之后进行采样。

工作在 CC 模式时,AC-DC 变换器的最大导通占空比和开关频率是由内部振荡器控制的。当功率 MOSFET 导通,初级线圈没有次级线圈反馈的扰动电流,因此 PWM 控制器中常用的斜坡补偿电路就不需要了,这样可以节省布局面积。

反激式变换器工作在 DCM 模式时,初级线圈的电流波形如图 6.2 所示。

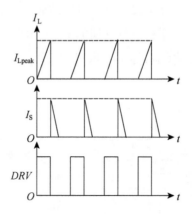

图 6.2 反激变换器工作在 DCM 模式时的波形

当功率 MOSFET 打开时,初级电感电流从零开始以 V_{in}/L 的斜率逐渐上升。其中,V_{in} 为输入交流电经过整流和滤波之后的直流电压,L 是初级电感值。由于采用峰值电流控制模式,功率 MOSFET 在初级电感电流上升到设定的阈值 $I_{\text{Lpeak}} = V_{\text{Ilim}}/R_{\text{CS}}$ 时被关掉。其中 V_{Ilim} 是峰值电流比较器的电流限制电压,

R_{CS}为电流采样电阻。

在这一点上,变压器中存储的能量是:

$$E = \frac{1}{2} L (I_{Lpeak})^2 = \frac{1}{2} L \left(\frac{V_{Ilim}}{R_{CS}} \right)^2 \tag{6-1}$$

在 DCM 模式中,次级电感电流在功率 MOSFET 再次导通前已经下降到零,所以在一个开关周期,变压器中存储的能量全部传送到输出负载。那么,由输入提供的输出功率等于:

$$P_{out} = V_{out} \times I_{out} = \eta \frac{L (I_{Lpeak})^2}{2} f = \eta \frac{L}{2} f \left(\frac{V_{Ilim}}{R_{CS}} \right)^2 \tag{6-2}$$

上式中,η 是反激式变压器的转化效率,V_{out} 是输出电压,I_{out} 是输出电流,V_{Ilim},R_{CS},L 为已确定数值。可以看出,外部电路已确定时,输出功率只与频率成比例变化。

在次级线圈释放能量期间,我们可以在图 6.1 中获得:

$$V_{out} = \frac{N_S}{N_A} \frac{R_{FB1} + R_{FB2}}{R_{FB2}} V_{FB} = K V_{FB} \tag{6-3}$$

其中,$K = \frac{N_S}{N_A} \frac{R_{FB1} + R_{FB2}}{R_{FB2}}$,$K$ 为一个恒定的值,N_S 是反激式变换器辅助绕组的匝数,N_A 是次级线圈的匝数,R_{FB1} 和 R_{FB2} 为分压电阻。

从式(6-2)和式(6-3)中,可以得出输出电流 I_{out} 的值:

$$I_{out} = \eta \frac{L (I_{Lpeak})^2}{2} f / V_{out} = \eta \frac{L}{2} \frac{f}{K V_{FB}} \left(\frac{V_{Ilim}}{R_{CS}} \right)^2 \tag{6-4}$$

设 $K' = \eta \frac{L}{2} \frac{1}{K} \left(\frac{V_{Ilim}}{R_{CS}} \right)^2$,$K'$ 为一个恒定的值,因此式(6-4)可以简化为

$$I_{out} = K' \frac{f}{V_{FB}} \tag{6-5}$$

由上面的公式可见,如果 f 和 V_{FB} 之间有线性关系,输出电流 I_{out} 就是一个恒定值。

6.1.3　PFM CC 控制电路的设计

如果所有其他参数都是固定的,通过以上分析可知,系统频率仅由 V_{FB} 控

制,工作在恒流区时输出电流就可以保持恒定。因此,根据这样的情况,本书设计了一个 V/I 转换电路(图 6.3)和一个振荡器电路(图 6.4)。工作在 CC 区时,采样 FB 电压将随着输出负载的改变而改变。图 6.3 显示了 FB 电压对振荡器的工作电流 I_{charge} 的影响,振荡器的频率与 I_{charge} 的大小成比例,而系统的工作频率由振荡器的工作频率决定。因此,负载的变化将改变功率 MOSFET 的工作频率,从而来调节输入功率以达到恒流的目的。

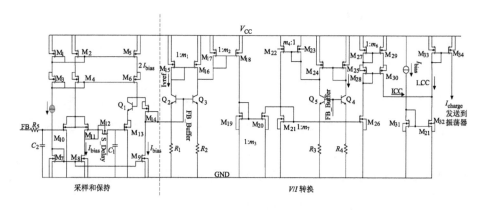

图 6.3 PFM CC 控制电路的 V/I 转换电路

(1) V/I 转换电路

从如图 6.1 所示的系统架构图中可以看出,FB 引脚的电压是通过辅助绕组的一个电阻分压器获得的。功率 MOSFET 不断地打开和关断,因此 FB 的电压并不是一个线性变化的数值。当功率 MOSFET 打开时,FB 电压很低,在关闭期间,FB 引脚电压为在次级电感能量减少到零之前采样线圈输出的电压值。次级电感能量减少到零之后,初级电感和功率 MOSFET 的寄生电容将会导致振荡。为了让 FB 引脚电压对输出电压做出正确的响应,设计了一个 FB 引脚电压的采样和保持电路,如图 6.3 的左边部分所示。FB 引脚的高频噪声已被由电阻器 R_5 和电容器 C_2 组成的低通滤波器滤除。当功率 MOSFET 关断 2.5 μs 后,将有一个高脉冲信号 S_Delay 作用在 M_{12} 的栅极上,因此 M_{12} 导通,流过 M_{12} 的电流给电容器 C_1 充电。但是 S_Delay 很快就会变低,C_1 上的电压将保持到下一个脉冲的到来。

电流镜像关系使得通过 M_{10} 的电流等于通过 M_{11} 的电流,而且流过 M_{13} 和 M_{14} 的电流也是相等的。忽略沟道调制效应,对工作在饱和区的 PMOS 晶体管,有:

$$V_{SG} = V_{THP} + \sqrt{\frac{2I_D}{K}} \tag{6-6}$$

其中，V_{THP} 和 K 分别为 PMOS 的阈值电压和跨导因子。因为 $(W/L)_{10} = (W/L)_{11}$，$(W/L)_{13} = (W/L)_{14}$，就有 $V_{SG10} = V_{SG11}$，$V_{SG13} = V_{SG14}$。一个高脉冲信号使 M_{12} 导通，流过 M_{12} 的电流给电容器 C_1 充电。FB 引脚的采样电压可以这样获得：

$$V_{C1} = V_{FB} + V_{SG10} - V_{SG11} \tag{6-7}$$

其中，V_{FB} 是 FB 引脚的采样电压，因此 FB_Buff 的电压就等于：

$$
\begin{aligned}
V_{FB\_Buff} &= V_{C1} + V_{SG13} + V_{BE} - V_{SG14} \\
&= V_{FB} + V_{SG10} - V_{SG11} + V_{SG13} + V_{BE1} - V_{SG14} \\
&= V_{FB} + V_{BE1}
\end{aligned} \tag{6-8}
$$

当 S_Delay 变低后 M_{12} 被关闭，而 C_1 的电压得以保持。所以直到下一个脉冲到来，V_{FB_Buff} 不会改变。V_{FB_Buff} 与 Q_2 和 Q_3 的基极相连接，因此这两个 NPN 三极管就构成了两个射极跟随器。由于射极跟随器的输入阻抗非常大，所以能很好地使 Q_2 和 Q_3 的发射极电压跟随 V_{FB_Buff} 的电压线性变化。从图 6.3 中我们可以看到，$M_{15} \sim M_{18}$ 构成一个电流镜和减法电路。M_{18} 中的电流可以这样获得：

$$
\begin{aligned}
I_{M18} &= m_2 \left(\frac{V_{FB} + V_{BE1} - V_{BE3}}{R_2} - m_1 \frac{V_{FB1} + V_{BE1} - V_{BE3}}{R_1} \right) \\
&\approx m_2 V_{FB} \left(\frac{1}{R_2} - m_1 \frac{1}{R_1} \right)
\end{aligned} \tag{6-9}
$$

其中，$\dfrac{(W/L)_{16}}{(W/L)_{15}} = m_1$，$\dfrac{(W/L)_{18}}{(W/L)_{17}} = m_2$。

同样的，M_{22} 中的电流也可以用下式表达：

$$I_{M22} = (V_{ref1} - V_{BE}) \left(\frac{1}{R_3} - \frac{m_5}{R_3} \right) m_4 = V_{ref} \left(\frac{1}{R_3} - \frac{m_5}{R_3} \right) m_4 \tag{6-10}$$

其中，$(W/L)_{24} / (W/L)_{25} = m_5$，$(W/L)_{22} / (W/L)_{23} = m_4$，$V_{ref} = 1.25$ V，V_{ref} 是变换器的基准电压。从 M_{29} 和 M_{30} 中流入 M_{32} 的电流可以这样获得：

$$I_{M30} = m_6 m_7 (I_{M22} - m_3 I_{M18})$$

$$= m_6 m_7 \left[V_{ref} \left(\frac{1}{R_3} - \frac{m_5}{R_4} \right) m_4 - m_2 m_3 V_{FB} \left(\frac{1}{R_2} - \frac{1}{R_1} \right) \right]$$

$$= m_4 m_6 m_7 V_{ref} \left(\frac{1}{R_3} - \frac{m_5}{R_4} \right) - m_2 m_3 m_6 m_7 V_{FB} \left(\frac{1}{R_2} - \frac{m_1}{R_1} \right)$$

$$(6\text{-}11)$$

其中，$(W/L)_{20}/(W/L)_{19} = m_3$，$(W/L)_{29}/(W/L)_{27} = m_6$，$(W/L)_{26}/(W/L)_{21} = m_7$。

从图 6.3 的右侧部分中，根据电流镜和减法电路的关系，我们可以得到其输出电流，该电流最终流入振荡器并作为其充电和放电电流来控制系统的工作频率。这个电流等于：

$$I_{charge} = (m_8 I_{bias1} - I_{M30}) m_9 \tag{6-12}$$

其中，$\dfrac{(W/L)_{32}}{(W/L)_{31}} = m_8$，$\dfrac{(W/L)_{34}}{(W/L)_{33}} = m_9$。

把式(6-11)代入式(6-12)，我们就可以获得一个新的公式：

$$I_{charge} = m_8 m_9 I_{bias} + m_2 m_3 m_6 m_7 m_9 V_{FB} \left(\frac{1}{R_2} - \frac{m_1}{R_1} \right) -$$

$$m_4 m_6 m_7 m_9 V_{ref} \left(\frac{1}{R_3} - \frac{m_5}{R_4} \right) \tag{6-13}$$

其中，I_{bias} 是变换器的偏置电流。由式(6-13)可以很明显地看出电流减法结构可以补偿由温度引起的电流变化，因为温度的变化可以改变电路中电阻器的阻抗。

令 $a_1 = m_8 m_9$，$a_2 = m_2 m_3 m_6 m_7 m_9 \left(\dfrac{1}{R_2} - \dfrac{m_1}{R_1} \right)$，$a_3 = m_4 m_6 m_7 m_9 \left(\dfrac{1}{R_3} - \dfrac{m_5}{R_4} \right)$，其中 a_1，a_2，a_3 都为恒定的数值。将 a_1，a_2，a_3 代入式(6-13)，式(6-13)可以被简化为下式：

$$I_{charge} = a_1 I_{bias} + a_2 V_{FB} - a_3 V_{ref} \tag{6-14}$$

（2）振荡器的设计

正如图 6.4 中所示，本书提出的电路是一个弛张振荡器，它可以通过控制电

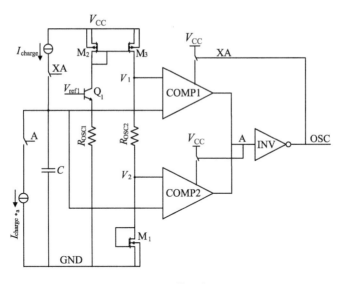

图 6.4 振荡器电路

容的充放电来控制振荡器的频率。开始的时候,假设电容 C 上的电压为零,开关控制信号 XA 使上面的两个开关关闭,充电电流 I_{charge} 给电容 C 充电,当 C 上的电压超过阈值电压 V_1 的时候,COMP1 的输出产生一个高电平信号 A,COMP2 正常工作。然后,XA 变为低电平使上面的两个开关管打开,COMP1停止工作。电容 C 开始放电,放电电流为 $I_{discharge}$。当电容上的电压低于 V_2 时,COMP2 产生一个低电平信号 A,XA 变为高电平。因此 COMP1 开始正常工作,COMP2 不工作,振荡器又开始进入充电周期。根据上面对工作过程的分析,充电时间和放电时间形成一个周期。

电容 C 的充电时间为:

$$t_1 = \frac{(V_2 - V_1)C}{I_{charge}} = \frac{I_{M3}R_{OSC2}C}{I_{charge}} \qquad (6\text{-}15)$$

因为 $\frac{(W/L)_2}{(W/L)_3} = 1$,因此有:

$$I_{M3} = I_{M2} = \frac{V_{ref} - V_{BE1}}{R_{OSC1}} = \frac{V_{ref}}{R_{OSC1}} \qquad (6\text{-}16)$$

把式(6-16)代入式 (6-15),充电时间可以按照下式来表达:

$$t_1 = \frac{R_{OSC2}CV_{ref}}{R_{OSC1}I_{charge}} \tag{6-17}$$

同样，也可以获得放电时间：

$$t_2 = \frac{R_{OSC2}CV_{ref}}{aR_{OSC1}I_{charge}} \tag{6-18}$$

因此振荡器的频率为：

$$f = \frac{1}{t_1 + t_2} = \frac{1}{\dfrac{R_{OSC2}CV_{ref}}{R_{OSC1}I_{charge}} + \dfrac{R_{OSC2}CV_{ref}}{aR_{OSC1}I_{charge}}} = \frac{R_{OSC1}I_{charge}}{R_{OSC2}CV_{ref}}\frac{a}{1+a} \tag{6-19}$$

从式(6-19)我们可以知道 I_{charge} 与工作频率成比例，常数 a 控制时钟信号的占空比。把式(6-19)代入式(6-14)，我们又可以获得一个新的公式，如下：

$$f = \frac{R_{OSC1}(a_1 I_{bias} + a_2 V_{FB} - a_3 V_{ref})}{R_{OSC2}CV_{ref}}\frac{a}{1+a} \tag{6-20}$$

可知，$\dfrac{\partial f}{\partial V_{FB}} = \dfrac{a}{1+a}\dfrac{R_{OSC1}a_2}{R_{OSC2}CV_{ref}}$。因此可以看出系统的工作频率随 V_{FB} 线性变化。

6.1.4 恒流点的设置

令 $K_1 = \dfrac{R_{OSC1}(a_1 I_{bias} - a_3 V_{ref})}{R_{OSC2}CV_{ref}}\dfrac{a}{1+a}$，$K_2 = \dfrac{R_{OSC1}a_2}{R_{OSC2}CV_{ref}}\dfrac{a}{1+a}$，其中 K_1 和 K_2 为常数，则式(6-20)可以简化为下式：

$$f = K_1 + K_2 V_{FB} \tag{6-21}$$

由式(6-21)和式(6-5)可以得出，在恒流工作阶段，输出电流为

$$I_{out} = K'\frac{K_1 + K_2 V_{FB}}{V_{FB}} \tag{6-22}$$

系统刚开始工作时，V_{FB} 几乎为零。为了使功率 MOSFET 可以正常工作，必须保证有一个初始频率，而且通常这个初始频率设置得很小。当输出电压升高时，K_1 对系统频率的影响相对于 V_{FB} 就可以忽略。因此当 V_{FB} 的值很大时，$f \approx K_2 V_{FB}$，式(6-22)可以简化为：

$$I_{out} = K'K_2 \qquad\qquad (6-23)$$

从上面的公式可以看出,当反馈电压大于一个特定的值时,随着输出电流的改变,转化器可以通过调整系统的工作频率来达到恒流的目的。

6.2　系统设计关键技术

6.2.1　系统预热的意义和研究背景

由于相对于传统的电感驱动器,电子驱动器具有更小的噪声、更轻的质量、更高的效率、更高的功率因数、更高的光效(流明/瓦,由于更高的工作频率)、更长的使用寿命等诸多优点。近年来,用于紧凑型荧光灯的电子驱动器在照明系统中得到了越来越广泛的应用。在生活照明、教育照明、工业照明中,采用电子驱动器的荧光灯特别是节能灯几乎无处不在。由于应用极广,荧光灯特别是节能灯的各种驱动解决方案是人们研究的重点。

导致荧光灯失效的问题不多,最主要的失效原因是灯丝上钡剂涂层的损失,这种损失主要是荧光灯点火时灯丝的"溅射"现象带来的,长期的溅射现象先会带来荧光灯靠近灯丝的部位变黑,最后会导致涂层消失,灯丝烧断,荧光灯失效。当灯丝的温度小于700℃时,就会发生溅射,而当灯丝温度超过1 000℃后,不会发生溅射。荧光灯(节能灯)的灯丝和电极如图6.5所示。为了解决涂层溅射问题,灯丝需要预热到1 000℃以上,从而使溅射现象消失。因此,提出了电子驱动器中增加预热/点火功能的方法,这就需要电子驱动器中的驱动芯片加入该功能,从而使荧光灯寿命增加。在芯片中加入预热/点火功能,采用的原理如图6.6所示,驱动输出频率高于谐振频率较多时,由于距离谐振点远,荧光灯两端电压很低,因此荧光灯不会被点亮,却可以使灯丝加热;待灯丝温度达到1 000℃以上时,将驱动频率调整到谐振频率,荧光灯两端电压迅速升高到800 V以上击穿荧光灯,荧光灯开始正常工作。此时,驱动频率可以微调至接近谐振频率(但高于谐振频率),使发光效果达到最佳。一般的,初始驱动频率设定在100 kHz,预热时间在0.5 s以上。预热完成后,正常工作频率保持在40~50 kHz。传统情况下,预热/点火功能一般会采用分离元器件在芯片外通过调节芯片振荡电容或电阻实现。

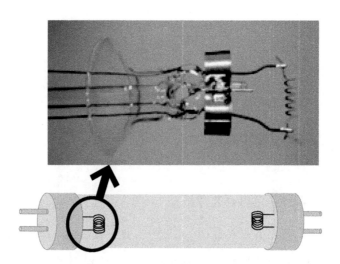

图 6.5　荧光灯(节能灯)的电极和灯丝

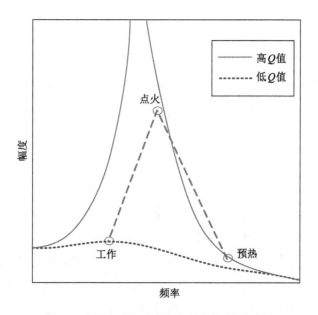

图 6.6　电子驱动器对荧光灯的预热/点火原理

　　另外,死区时间产生电路也是荧光灯驱动器芯片的重要组成部分,因此设计时也要重点考虑,特别是加入预热/点火功能后,死区时间电路模块的设计难度相应增大。

基于传统的 555 振荡器原理设计的荧光灯驱动器芯片具有高稳定性和普适性，应用于多种荧光灯、节能灯中。其基本连接结构如图 6.7 所示。但该芯片没有预热功能，传统的方法是定时改变 C_T 的大小，实现频率变化，其控制电路在芯片外，比较复杂，不利于在节能灯（即紧凑型荧光灯）上应用。这里提出一种新的方法，并形成电路结构，使芯片内部之间具有该功能。同时设计了一种简单的死区时间产生电路。

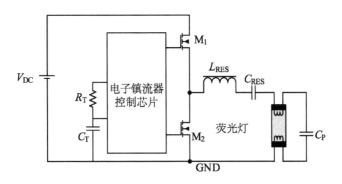

图 6.7　电子驱动器基本电路结构

6.2.2　频率可调振荡器设计

该方法基于传统的不可预热电子驱动器系统，可以最大限度地应用已有的电路、结构和方法，从而简化设计复杂度，提高设计效率。

（1）传统荧光灯驱动器芯片基本结构

如图 6.8 所示是传统的基于 555 振荡器的荧光灯驱动器芯片系统。由图可见，振荡器的振荡是通过电容 C_T 周期性充放电实现的。也就是说，输出频率取决于电容 C_T 和电阻 R_T 的大小。因此，555 振荡器的输出频率如式（6-24）所示。

$$f = \frac{1}{k \times R_T \times C_T} \tag{6-24}$$

这里，k 是一个定值。

（2）频率调节方法

如式（6-24）和图 6.18 所示，可以通过调节电阻值 R_T 或电容 C_T 值来调节振荡器输出频率。相应的频率调节方法如式（6-25）所示：

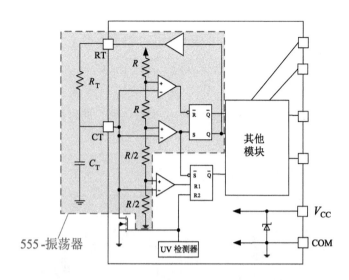

图 6.8　基于 555 振荡器的荧光灯驱动器芯片功能框图

$$f = \begin{cases} \dfrac{1}{k \times (R_T - \Delta R) \times C_T}, & t < 0.5 \text{ s} \\[4mm] \dfrac{1}{k \times R_T \times C_T}, & t \geqslant 0.5 \text{ s} \end{cases} \tag{6-25}$$

这里，R_T 包括 ΔR 和 $R_T - \Delta R$ 两部分，其中 ΔR 部分为被调节部分，$R_T - \Delta R$ 部分为固定部分。当荧光灯通电后，不足 0.5 s 时，ΔR 部分不接入，则频率较高，灯丝预热而不点亮；当通电 0.5 s 后，接入 ΔR 部分，频率变换到谐振频率，荧光灯点亮。另外，还需要加入延迟部分，延迟时间 0.5 s 以上，使灯丝充分预热。综合上述改进，获得新的系统结构，如图 6.9 所示。

6.2.3　计时电路

如图 6.10 所示，荧光灯驱动器芯片的输出频率主要取决于 RT 引脚和 CT 引脚之间的外置电阻 R_T 和 CT 引脚与 COM 之间的外置电容 C_T。通过调节阻值或容值，实现输出频率的调节。设计的预热/点火电路结构如图 4.14 所示，它主要包括控制和延迟两部分。控制部分采用一个模拟开关控制电阻的导通和关断，这个电阻就是式(6-25)中的 ΔR，模拟开关仅由一个 NMOS 和一个 PMOS 组成。延迟模块用以产生 0.5 s 以上的时延控制信号，它在芯片中复用脉冲产生模块输出的脉冲信号和电流基准电路产生的基准电流，并受到 UVLO 模块的控

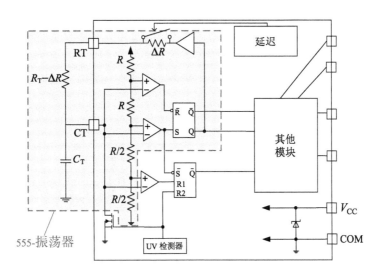

图 6.9　加入了变频预热功能后的荧光灯驱动器芯片结构图

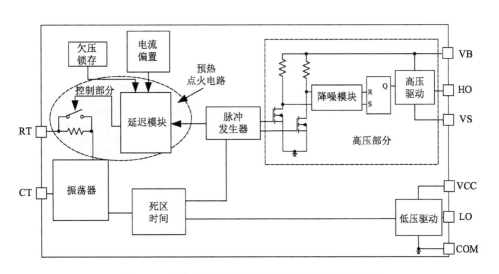

图 6.10　荧光灯驱动器芯片中计时电路的复用关系

制。如图 6.11 所示,延迟模块由三级相同的延迟电路结构串联组成。在第一级,延迟时间由计时电容上的电压从 0 V 充电至 U_1 的时间决定,U_1 是第一级施密特触发器的反转上阈值。充电电流来自荧光灯驱动器芯片原带电流基准模块(如图 6.1 所示),该充电电流与基准电流成正比。计时脉冲信号也来自芯片原带的电路,它来自脉冲产生电路。因此,得到可控的第一级延迟时间,如式(6-26)所示。

$$T_{\text{charge\_1}} = \frac{U_1 \cdot C_1 \cdot T_1}{I_1 \cdot t_1} \tag{6-26}$$

这里,C_1 是第一级的计时电容,U_1 是施密特触发器的上阈值电压,I_1 是充电电流,与基准电流成比例,t_1 是脉冲宽度时长,T_1 是脉冲周期时长。

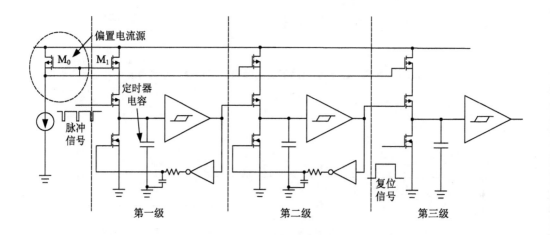

图 6.11 计时电路延迟模块的电路结构

由于一级延迟电路无法获得足够的延迟时间来控制信号,因此需要更多级延迟电路。加入第二级后产生的延迟时间如式(6-27)所示。

$$T_{\text{charge\_2}} = \frac{U_1 \cdot C_1 \cdot T_{\text{charge\_1}}}{I_1 \cdot t_1} = \frac{(U_1 \cdot C_1)^2}{(I_1 \cdot t_1)^2} T_1 = \left(\frac{U_1 \cdot C_1}{I_1 \cdot t_1}\right)^2 \cdot T_1 \tag{6-27}$$

类似的,第 n 级的延迟时间 $T_{\text{charge\_n}}$ 如式(6-28)所示。

$$T_{\text{charge\_n}} = \left(\frac{U_1 \cdot C_1}{I_1 \cdot t_1}\right)^n \cdot T_1 \tag{6-28}$$

由式(6-28)可知,延迟时间与U_1、C_1、T_1、I_1和t_1相关,为了将采用的级数减到最少以使占用的芯片面积最小,需要将U_1、C_1、T_1设定为较大值,将I_1和t_1设定得足够小。一般情况下,施密特触发器上阈值U_1仅能设定在$(2/3 \sim 3/4)$ V_{DD},电容C_1由于面积限制也不能过大,而T_1与t_1的比值已经确定(脉冲信号直接应用脉冲产生电路的输出信号,因此比值已确定),相对以上参数,充电电流I_1可调范围大($30\,nA \sim 10\,\mu A$),需要的元器件最少,且占用面积有限。因此,选择I_1作为主要的调节参数来调节预热延迟时间。本电路中,由于I_1是镜像过来的电流,因此与电流基准源有关,其关系可以用下式表示。

$$I_1 = I_0 \frac{\left(\dfrac{L}{W}\right)_{M0}}{\left(\dfrac{L}{W}\right)_{M1}} = \frac{Q_0}{\left(\dfrac{L}{W}\right)_{M1}} \qquad (6\text{-}29)$$

这里,I_0是荧光灯驱动器芯片中电流基准电路提供的基准电流,Q_0是一个自定义变量,$Q_0 = I_0 \times (L/W)_{M1}$,可见,调节充电电流$I_1$主要就是调节图6.11所示$M_1$的栅长和栅宽。

因此,整体计时电路的预热延迟时间$T_{preheat}$可由式(6-30)表示。

$$T_{preheat} = \left(\frac{U_1 \cdot C_1}{I_1 \cdot t_1}\right)^n \cdot T_1 = \left[\frac{U_1 \cdot C_1}{Q_0 \left(\dfrac{W}{L}\right)_{M1} t_1}\right]^n \cdot T_1 \qquad (6\text{-}30)$$

这里,n是预热延迟时间电路的级数。

本计时电路的设计本着尽量节约电路元器件使用数量和占用芯片面积的原则,尽量使用芯片中已有的信号作为电路输入。本计时电路的设计,既使芯片功能得到了大幅提升,又尽量使电路复杂度不过分提高。

6.2.4 死区时间电路

如图6.7所示,当晶体管M_1、M_2上的驱动信号同时开启或死区时间不足时,M_1、M_2上的能量损失就会加剧,整体电子驱动器的效率会降低,甚至会出现晶体管烧毁的现象。为了避免危险出现,晶体管M_1、M_2的栅极驱动信号上需加入周期性的死区时间。在加入死区时间电路时,结构简单和性能稳定是最需要关注的两点。

设计的死区时间逻辑电路如图 6.12 所示,它仅由一个 D 触发器和两个异或门组成。输入信号 CLK 就是振荡器的输出信号,振荡器的输出波形为一个占空比小于 50% 的方波信号,其高电平部分的持续时间与死区时间相等。由于采用如图 6.8 所示的振荡器,其输出信号的占空比恒定不变,因此随着频率的变化,死区时间也相应地变化,从而使芯片输出频率可以保持在较高值,使荧光灯系统设计中的各工作阶段频率更易选取。

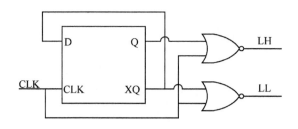

图 6.12 死区时间逻辑电路结构

6.3 仿真及测试结果

应用 $0.35~\mu m$ 2P3M BCD 工艺加工出采用上述预热/点火电路及死区时间电路的荧光灯驱动器芯片,用以对上述方法和电路进行验证。首先,对芯片的预热/点火机制进行了仿真验证,仿真结果如图 6.13 所示。

图中给出了芯片内部控制信号 V_{ctrl}、荧光灯模型两端的电压信号 V_{lamp} 以及电流信号 I_{lamp}。可见,在工作频率为 100 kHz 时,荧光灯灯丝预热了大约 536 ms,荧光灯能够在 1 kV 高压下轻易工作。最终,系统正常工作,荧光灯两端工作电压有效值为 70 V,工作电流有效值为 0.3 A。

图 6.14 给出了死区时间的测试结果,可见,驱动信号间具有良好的死区时间,正常工作时约为 $1.1~\mu s$。

图 6.15(a)给出了荧光灯的测试结果,荧光灯的电流和电压情况与测试结果吻合。图 6.15(b)给出了采用的测试 PCB 板及采用的 26 W 荧光灯的具体照片,同时也显示驱动效果良好,荧光灯正常工作。

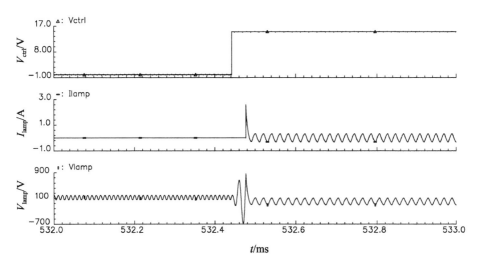

图 6.13　荧光灯驱动系统及芯片控制信号预热-点火-工作过程仿真波形

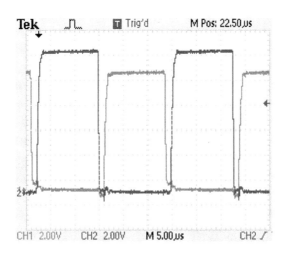

图 6.14　死区时间测试波形（1 为高端驱动信号，2 为低端驱动信号）

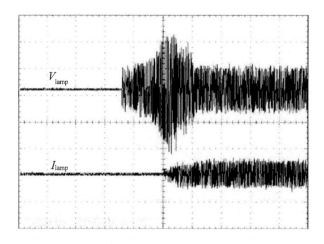

（a）荧光灯驱动系统及芯片控制信号预热-点火-工作过程测试波形

（b）测试板点亮荧光灯效果图

图 6.15　实际测试结果

6.4　本章小结

　　本技术基于反激式拓扑结构 AC-DC 转换器的原理,为了去除光电耦合器和次级环路控制电路,提出了一种基于辅助绕组反馈的新型 PFM 恒流控制电路。根据应用电路的测试波形,通过使用设计的 PFM 控制电路,实现了恒流值为 1 A 的目的,而且应用电路的输出电流纹波不超过 $\pm4\%$。电路可以根据负载的大小改变工作频率来调整输入功率的大小从而达到恒流的目的。这个电路可以很大程度上简化应用电路并降低成本,并且相对于其他转换器来讲,具有更高的性价比。

　　提出了一种新型的用于荧光灯驱动器芯片的预热/点火方法并实现相应电路结构,同时提出死区时间产生电路。电路结构紧凑、简单,易于实现。其中,延迟时间产生部分具有良好的温度特性和电源电压稳定性,温度和电源电压发生变化时,由于采用了内置的偏置电流源和脉冲,延迟时间稳定不变。同时,也可以通过外置电阻值 R_T 和电容值 C_T 的调节实现延迟时间的调节。而产生的死区时间稳定,与振荡器输出始终成比例,可使电路工作在更高频率,保证预热效果。提出的相应预热/点火方法和死区时间均可以较好地应用在荧光灯驱动器芯片中实现预热功能和死区时间功能,同时也可应用于具有特殊软启动功能的 DC-DC 中以及一些智能电路与系统中。

第七章

噪声抑制与保护功能的优化设计

光电耦合器作为微弱信号和强电流、高压信号之间的桥梁，大多数情况下工作在弱电和强电之间。在这种情况下，电路内部的保护功能以及器件的噪声抑制能力必须得以提高。

本章首先对光电器件的噪声产生机理以及光电耦合器内部的噪声进行了详细的讲解。在此基础上，具体研究了在设计光电耦合器内部电路的过程中，如何优化电路使得每一级都具有噪声抑制能力，同时在内部电源和光电信号前端处理单元加入保护电路，防止芯片在噪声干扰下产生误动作。本章 7.2 节重点设计了内部电源的滤波电路，实现了施密特电路的隔离作用以及 PWD 模块的噪声抑制功能，在 7.3 节分别对光电检测的保护电路以及欠压锁存的检测电路进行分析，最后在 7.4 节详细研究了本书所设计的光电耦合器的版图布局，根据光电耦合器实际工作中所处的环境，对电源信号的流向以及隔离带的设计进行分析，对版图的整体布局起到规范化、安全化的作用。

光电耦合器的版图设计是整片设计的重要环节，本书根据强弱信号隔离以及芯片内部电流流向的相关原则对版图进行合理设计，所设计的版图已成功流片，经过实测整片的各项性能指标均在设计范围之内。

7.1 光电器件的噪声分析

7.1.1 噪声产生机理与统计分析

噪声是电子系统中任何不需要的信号，起源于物理量的随机起伏。这些随机起伏的物理量称为随机变量，记为 $x(t)$，其中 t 为时间。噪声通常可以分为固有噪声和外部噪声两大类，在电子系统中，噪声主要来源于器件内部，而半导体有源器件在其中占有非常重要的位置。半导体器件的噪声通常包括白噪声、产生-复合噪声(Generation-Recombination Noise,简称 g-r 噪声)和 $1/f$ 噪声。其分析方法多采用基于统计数学的频谱分析法。

对于任意一个二端器件来说,在一定的温度和带宽里的噪声,可用与该器件导纳 Y 并联的噪声电流源 $I_n = \sqrt{\overline{i^2}}$ 或用一个与其阻抗 Z 串联的噪声电压源 $E_n = \sqrt{\overline{e^2}}$ 来表示。等效模型如图 7.1 所示。

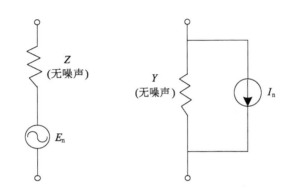

(a) 噪声电压等效电路   (b) 噪声电流等效电路

图 7.1 二端口器件噪声模型

图 7.1 中的各参数由以下几式给出定义:

$$I_n^2 = 2qI_{eq}\Delta f \tag{7-1}$$

$$E_n^2 = 4kTR_n\Delta f \tag{7-2}$$

$$I_n^2 = 4kTG_n\Delta f \tag{7-3}$$

$$E_n^2 = 4kT_nR\Delta f \tag{7-4}$$

$$I_n^2 = 4kT_nG\Delta f \tag{7-5}$$

其中,q 为电子常量,T 为绝对温度,Δf 为噪声带宽,k 为玻耳兹曼常数,R_n 和 G_n 分别为二端元器件的电阻和电导。

而对于本书所设计的光电耦合器来说,诸如像 TIA、AMP 和 COMP 这样的电路模块,它们虽然对 I_{ph} 可以起到放大作用,但与此同时,夹杂在光电流中

间的噪声信号是无法被消除的,进而也被同步放大。其等效模型如图 7.2
所示。

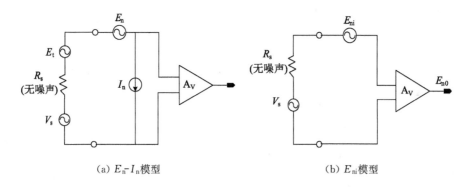

$$(a)\ E_n\text{-}I_n 模型 \qquad\qquad (b)\ E_{ni} 模型$$

图 7.2　有源器件噪声模型

图 7.2 中图(a)即为噪声模型,其中 E_n、I_n 和 E_t 可等效为一个与 V_s 串联的
噪声电压源 E_{ni},其表达式为:

$$E_{ni}^2 = E_t^2 + E_n^2 + I_n^2 R_s^2 + 2c E_n I_n R_s \tag{7-6}$$

式(7-6)中,c 为 E_n 和 I_n 之间的相关系数。相应的噪声模型图如图(b)所示。

7.1.2　光电耦合器中的噪声分类

针对有源器件的噪声模型,光电耦合器的内部噪声也应从白噪声、g-r 噪声
和 $1/f$ 噪声进行阐述。

白噪声源自载流子的热涨落,其功率谱密度与频率无关,从本质上是不能被
彻底消除的。g-r 噪声源自半导体器件中杂质中心引起的载流子的涨落。$1/f$ 噪
声在很大程度上是由器件中的杂质和缺陷引起的。光电耦合器的噪声类型和强
弱主要取决于内部缺陷的种类和数目,而缺陷的种类和数目与其内部的结构以
及材料密切相关。

7.1.3　光电耦合器中低噪声化的基本原则

光电耦合器作为一款性能优良的光电集成芯片,广泛应用于工业控制、航空
航天等众多场合。但相关的研究结果表明,光电耦合器中的低频噪声已经成为
影响其可靠性甚至正常工作的一个重要因素。针对光电耦合器中的噪声组成,
本书的降噪技术主要包含器件降噪设计、线路降噪设计以及工艺降噪设计这三

方面内容。

　　降低器件的噪声主要围绕 Bipolar 和 MOS 工艺来进行分析,对于白噪声而言,应尽量减少双极晶体管的基极电阻 $r_{bb'}$,尽量减少场效应晶体管的栅源漏电流;降低 g-r 噪声的方法主要是尽可能减少或消除晶格缺陷和深能级杂质;降低 $1/f$ 噪声的途径是尽可能减少 Si-SiO$_2$ 界面的陷阱密度。

　　由于所设计的电路在设计过程中使用了 $0.35~\mu m$ BCD 工艺,所以降低线路噪声的工作主要体现在双极型模拟集成电路的降噪设计上。本书设计的光电耦合器的输入级具有足够的增益和很高的灵敏度,同时中间级有足够的输入阻抗。输入级的放大管多采用 NPN 管或 NMOS 管构成共射组态或源极跟随器。

　　对于双极型晶体管而言,降低 $1/f$ 噪声和降低热噪声,对发射区面积与周长比的要求是不一样的。从降低 $1/f$ 噪声的角度考虑,发射区面积周长比应尽可能地小。

　　本书在光电检测的第一级就采用差分输入电路完成从光到电的转换,这是提高精度和降低噪声的一种有效的设计方法。将图 4.10 中的输入晶体管 Q_5 和 Q_{11} 连成两个相对的部分 Q_{5A}、Q_{5B}、Q_{11A} 和 Q_{11B},如图 7.3 所示。其版图沿该模块的中轴线布局,这种结构不仅大大降低了芯片的热不对称性和工艺的不均匀性的影响,降低了电路的失调,而且 $r_{bb'}$ 仅为单管的 $1/2$,所以也有效地减少了器件的热噪声。

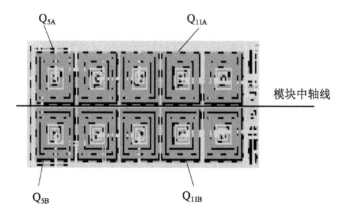

图 7.3　差分耦合输入的对称结构版图布局

工艺降噪的具体实施过程,通常是在制备该工艺的过程中完成的,这是电路设计人员所不能掌控的环节。所以在上述内容以外,本书所设计的光电耦合器降噪处理主要体现在分级降噪电路的实施以及版图的整体规划与布局上。

7.2 优化电路设计减少噪声影响

7.2.1 内部电源中的 *RC* 滤波器

在分析半导体噪声和光电耦合器中的主要噪声成因的基础上,本节从电路设计的角度出发,以光电耦合器整片降噪为目的,通过对输入电源、中间转换级以及时延调整模块分别设计降噪电路,从而达到对芯片整体降噪的功能。

由于光电耦合器大多数情况下工作在强电和弱电之间,那么其电源电压很可能存在波动和不确定性,尤其是当后级电路产生强电流时,前级的电源极易受到干扰,所以对电源的降噪就显得尤为重要。因此在电源接入整个电路之前,需要对电源电压进行滤波,从而为芯片内部对电源噪声敏感的电路模块提供更加稳定的电源。

在本模块中,分别利用三组无源滤波电路对 V_{DD} 进行滤波,同时输出三组稳定电压为芯片中的其它模块供电,具体电路如图 7.4 所示。

在图 7.4 中,电阻 R_1、R_2 与电容 C_1 构成了电源电压的第一组滤波电路,V_{DD} 经过滤波后产生电压 N_{supply} 为后级的 COMP、PWD 以及逻辑模块供电;第二组滤波电路由电阻 R_4、R_5 与电容 C_2 组成,经其滤波后产生内部电压 V_{DD1},为后级的 UVLO、TIA、AMP 以及 COMP 模块供电;同理,经过电阻 R_6、R_7 及电容 C_3 组成的滤波电路,输出内部电压 V_{DD2},单独为前端保护电路供电。

为了更好地模拟由于电源电压突变产生噪声时,内部电源中滤波电路的工作特性及效果,本节设定电源电压为 30 V,在全温度范围内($-40℃\sim100℃$),采用电压突变方式,对电源模块的输出信号进行仿真。当电源电压正常建立之后,在瞬间(5 ns)拉低到 15 V,在这个电压状态下持续 20 μs 后瞬间(5 ns)回升至 30 V。此时,V_{DD1} 和 V_{DD2} 的输出结果如图 7.5 所示。

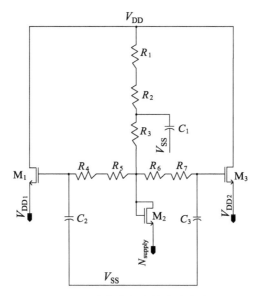

图 7.4　内部电源中的滤波电路

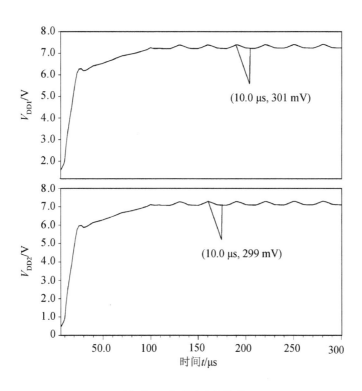

(a) $T=25$℃ 输出电压关系

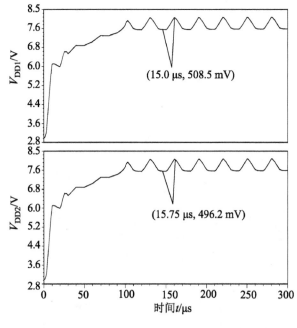

(b) $T=100℃$ 输出电压关系

图 7.5　电源电压突变对输出电压的影响

从仿真结果图(a)可以看出,当 $T=25℃$ 时,V_{DD1} 最大变化 301 mV,V_{DD2} 的最大变化量小于 299 mV;从图(b)可知,当 $T=100℃$ 时,V_{DD1} 最大变化 508.5 mV,V_{DD2} 的最大变化量是 496.2 mV。由此可见,在有光电流稳定输入的状态下,电源电压突变所引起的输出电压瞬间变化量不超过 508 mV,这样的稳定性可以确保电路的工作状态不受影响,当电源电压突变时也不会引起后级电路模块的误操作。

7.2.2　施密特触发器的隔离作用

施密特触发器在本节中的作用是一种整形电路,其电路结构与图 5.19 相同。由于经过 AMP 和 COMP 模块的信号可能是不规则的波形,所以需要 SMIT 来进行整形。

由于 SMIT 的迟滞作用主要表现在其迟滞量的大小上,同时,回差电压对电路整形起到很大的影响,所以本节在直流状态下对其迟滞功能进行仿真,结果如图 7.6 所示。由仿真波形可知,SMIT 的回差电压为 $\Delta V_T = V_{T+} - V_{T-} = 3.3 - 1.6 = 1.7$(V)。为了进一步反映 SMIT 的降噪能力,在图 7.6 的输入信号的顶部加入图 7.7 中上图的干扰信号,经过 SMIT 后输出波形将不会因为干扰信号叠加在输入信号上引起输出电压发生变化。仿真结果如图 7.7 所示。

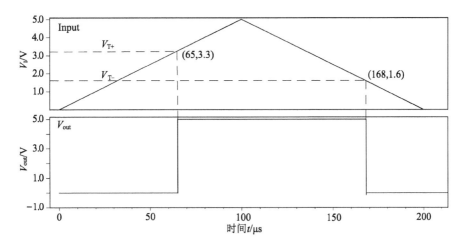

图 7.6　施密特触发器迟滞特性图

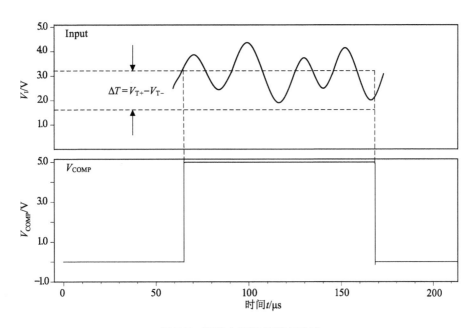

图 7.7　回差电压降低噪声干扰

由此可见，当回差电压幅度较大时，SMIT 可以消除输入信号中幅值较大的干扰信号；如果回差电压较小，在输出端就会出现误判，从而导致输出信号发生不必要的翻转。所以，本书所设计的 SMIT 电路中的上下电压阈值相差较大，达到 1.7 V，保证输出尽可能不受输入端噪声的干扰。

7.2.3 PWD 的噪声抑制功能

本节主要讲述的是 PWD 模块去除一定宽度毛刺噪声的功能，其电路图与图 5.21 是一样的，这里就不再过多讲述。

由于 COMP 模块的输出电压是脉冲信号，所以在进入 PWD 模块后，当输入为高电平时，M_3 导通，M_3 的漏极电压被拉低，使得 M_2 和 M_6 开始工作，这就给施密特触发器提供了高电平的输入信号。同理，当输入为低电平时，M_1 导通，在 N_{supply} 电压信号的作用下，M_2 截止，M_4 和 M_7 导通，$M_5 \sim M_8$ 是正反馈回路，可加速电容 C_1 充放电的速度。利用这样的工作机制，PWD 模块可以对输入信号中的窄带脉冲毛刺起到消除作用。

为了更好地体现 PWD 对"毛刺"噪声的滤除功能，本节用窄脉冲信号模拟"毛刺"噪声输入电路，从而仿真出 PWD 对噪声的滤除功能。设定当工作电源为 30 V 时，PWD 模块的电源电压 N_{supply} 是 4.5 V。选择频率是 50 kHz，脉冲宽度在 70~85 ns 范围内的方波信号作为该电路的输入信号。在温度为 25℃ 的标准模式下进行仿真，对于不同脉宽的"毛刺"信号，PWD 的降噪能力可以明显看出，其仿真结果如图 7.8 所示。

由以上仿真结果可知，当脉冲宽度小于 80 ns 的"毛刺"信号输入电路后，输出端的电压信号保持稳定，未受到噪声的影响；当噪声信号的脉宽达到 85 ns 时，输出信号产生高电位，这个高电平足以促使后级电路误动作。由此可见，本节所设计的 PWD 模块可以去除宽度不大于 80 ns，频率是 50 kHz 的毛刺噪声信号。由于 PWD 模块位于光电信号处理模块与驱动模块的中间级，是整个芯片的过渡部分，所以此处设计的降噪电路可以提高系统的可靠度，进一步确保光电耦合器中间级的降噪能力，避免噪声向后级驱动模块传输。

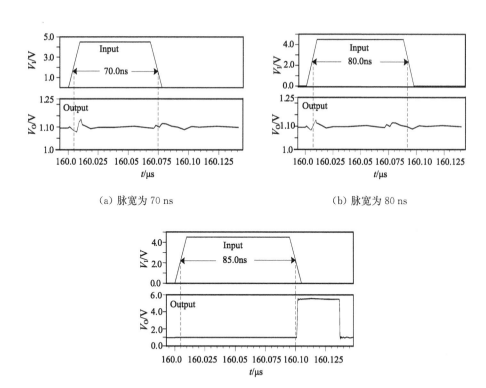

（a）脉宽为 70 ns　　　　　　　　　　（b）脉宽为 80 ns

（c）脉宽为 85 ns

图 7.8　PWD 对不同脉宽的降噪功能

7.3　保护监控电路提高系统稳定性

7.3.1　前端保护电路

前端保护模块位于芯片的光电信号前端处理部分，其主要功能是保证芯片在系统上电或掉电时，不受电源电压瞬时波动的影响，确保在电源突变的极端情况下，芯片后级电路不会出现误操作，保证系统有安全可靠的输出。

为了保证在电源波动的过程中，电路不出现误动作，本电路的输出将作为控制信号连接至图 5.18 中 M_{14} 的栅极，具体电路如图 7.9 所示。

当光电耦合器不工作时，保护模块的输出 Enable 是低电位，这样 COMP 模块中的 M_{14} 不工作，芯片的输出不受保护模块的影响；当电源电压突然增大时，

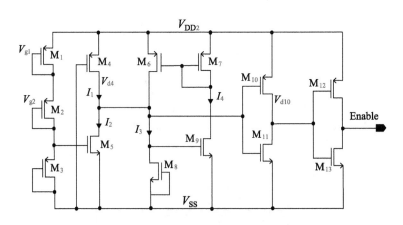

图 7.9 保护模块电路图

M_1、M_2 以及 M_3 这三个二极管连接的 MOS 管慢慢地抬高了 M_5 的栅极电压,当 M_3 的源极电压高于一个 MOS 管阈值电压时,M_5 导通,此时 M_5 的漏极电压被拉到低电位,这个电压经过两个反相器成为使能模块的输出电压。当 M_5 的宽长比大于 M_4 的宽长比时,该电路具有迟滞功能。

对于工作在亚阈值区的 MOS 管,其漏极电流为:

$$i_D = \frac{W}{L} I_{D0} \exp\left(\frac{V_{GS}}{nV_T}\right) \tag{7-7}$$

式(7-7)中 n 是亚阈值斜率因子,典型的值 $1 < n < 3$,I_{D0} 与工艺相关。一般情况下,对于工作在亚阈值区的 MOS 管来说,如果 i_D 和管子的 W/L 相等,则其 V_{GS} 也相等。

而当 MOS 管工作在饱和区时,流过其漏极的电流 i_D 可表示为:

$$i_D = \frac{1}{2} \mu_n C_{OX} \frac{W}{L} (V_{GS} - V_{TH})^2 (1 + \lambda V_{DS}) \tag{7-8}$$

式(7-8)中 $\mu_n C_{OX}$ 是工艺常数,V_{TH} 是阈值电压,λ 是沟道长度调制系数。将 PMOS 管 M_1、M_2 和 M_3 进行二极管连接,$V_{DS} = V_{GS}$,由于是串联电路所以流经 $M_1 \sim M_3$ 的 i_D 相等。如果将 $M_1 \sim M_3$ 设计为具有相同的 W/L,通过式(7-7)和 (7-8)可以看出,它们的 V_{GS} 也相等。该结构在本电路里起到分压作用。

在实际的设计和制作过程中,为了进一步降低芯片功耗,将 $M_1 \sim M_3$ 设计成倒比管,每个管子的衬底同 S 端连接在一起,凡是二极管连接的 NMOS 管都应在 P 阱中单独制成。

当 V_{DD1} 升高时,由于 M_4 的源极与 V_{DD1} 相连,栅极接 V_{SS}。此处设定 M_4 的阈值电压为 $|V_{THP}|$,M_5 的阈值电压是 $|V_{THN}|$,当 $V_{DD1} > |V_{THP}|$ 时,M_4 开始导通。当 $V_{g2} < |V_{THN}|$ 时,这时 M_5 截止了。M_4 将电压 V_{d4} 拉高,此时,经过两个反相器后电路输出高电位,这样就会使 M_9 导通,从而将 M_6 和 M_7 的栅极接至 V_{SS},此时 M_6 就进入深线性区。

为了使 M_5 进入深线性区工作,将 M_5 的跨导参数设计为远大于 M_4 和 M_9 的值,当 V_{g2} 大于 NMOS 管 M_5 的阈值电压且 M_5 的过驱动电压提供的电流大于 M_4 和 M_6 所能提供的电流时,会导致 M_5 进入深线性区,将电压 V_{d4} 拉低,此时电路输出逻辑低电平。

随着 V_{DD1} 变低,V_{d4} 被拉低的同时会促使 M_9 关断,进而使得 M_6 和 M_7 截止。当 V_{DD1} 继续下降时,就会出现 M_5 的过驱动电压产生的电流小于 M_4 的电流,此时 V_{d4} 被 M_4 拉高,整体电路输出高电平。

为了更好地分析前端保护模块的工作方式,本节详细研究了在电源电压突变的过程中,电路中各个支路电流和结点电压的变化情况。在仿真过程中,从 $0 \sim 200\,\mu s$ 建立 5 V 的电压信号,在直流状态下观察输出信号。各支路电流与电源电压的仿真结果如图 7.10 所示。

通过图 7.10 可以看出,在电源建立的过程中,M_4 慢慢打开,流过该管的电流 I_1 逐渐增大,与此同时,M_6 也开始工作,其支路电流 I_3 在电压稳定建立之前出现突变,镜像的 I_4 电流也出现激增。此时,保护模块的输出 Enable 在电流突变之前产生高电平,该信号输入 COMP 模块后驱动 M_{14} 工作,将 COMP 的输出信号降为低电平,保证系统对于后级电路没有输出信号。通过相同的方法,对图 7.9 中电路各节点的电压进行仿真,M_1 和 M_2 的栅极电压分别为 V_{g1} 和 V_{g2},M_4 和 M_{10} 的漏极电压分别为 V_{d4} 和 V_{d10}。其仿真结果如图 7.11 所示。

由此可见,节点电压与支路电流同步变化,当电源电压突然建立时,V_{d4} 会突然被拉高,反向后 V_{d10} 变为低电平,同时将 Enable 置为高位,输出至 M_{14} 后将 COMP 模块的输出拉到低电平,确保整体电路的输出不受电源突变的干扰。

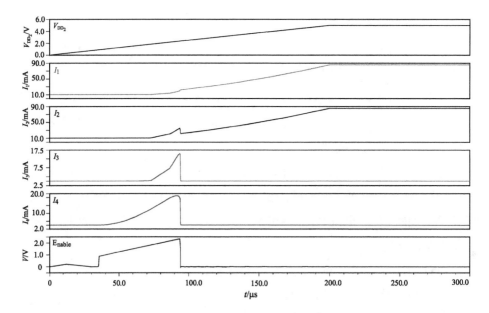

图 7.10　保护模块的支路电流仿真图

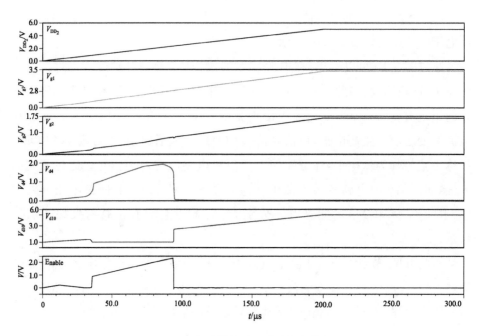

图 7.11　保护模块的结点电压仿真图

7.3.2　欠压锁存电路

当光电信号完成了前端的处理工作后，从 PWD 模块输出的电压信号进入 Logic 模块，从而为驱动后级的 MOS 阵列做准备。而在这个阶段，为了保证芯片在电源突变时也能正常工作，芯片内置的欠压锁存模块（UVLO）作为芯片中间级的保护模块，同样是对光电耦合器的电源电压进行实时监测。

该模块的翻转电平分别为 V_{UVLO+} 和 V_{UVLO-}，这样的设计避免了电源突变时，当电源电压处于翻转值附近而引起的误操作。同时，在本电路中引入正反馈实现迟滞作用，从而进一步降低噪声对输出信号的影响。

上电初始时刻，电源电压 V_{DD} 小于 V_{UVLO+} 时，芯片的输出信号恒为逻辑低电平，当电源电压 V_{DD} 上升至 V_{UVLO+} 后，芯片正常工作；掉电初始时刻，电源电压 V_{DD} 大于 V_{UVLO-} 时，芯片仍可正常工作，当电源电压 V_{DD} 下降至 V_{UVLO-} 时，芯片不工作，输出信号恒为逻辑低电平。

为了实时跟踪电源电压的波动，本电路通过串联电阻对电源电压进行采样，将采样得到的电压信号 V_+ 输入比较器与基准电压 V_{REF} 进行比较。UVLO 模块的电路如图 7.12 所示。

通过上面的分析可以发现，由于电源波动所产生的噪声会在阈值点影响到输出的变化，所以设计一个开关管 M_1，用于短路电阻 R_2 和 R_3 从而改变采样电阻的阻值。通过改变串联电阻 $R_1 \sim R_4$ 的分压值，可以产生两个阈值电平 V_{UVLO+} 和 V_{UVLO-}，从而得到迟滞电压为：

$$V_{HYS} = V_{UVLO+} - V_{UVLO-} \tag{7-9}$$

本模块中的比较器对采样电压 V_+ 和基准电压 V_{REF} 进行比较，电容 C_1 起滤波作用。当 V_{DD} 上升时，如果 $V_+ < V_{REF}$，则 COMP 电路输出低电平；当 $V_+ = V_{REF}$ 时，即达到正阈值电平 V_{UVLO+}，此时：

$$V_+ = \frac{R_4}{R_1 + R_2 + R_3 + R_4} V_{UVLO+} = V_{REF} \tag{7-10}$$

由式（7-10）可得 V_{UVLO+} 为：

$$V_{UVLO+} = \frac{R_1 + R_2 + R_3 + R_4}{R_4} V_{REF} \tag{7-11}$$

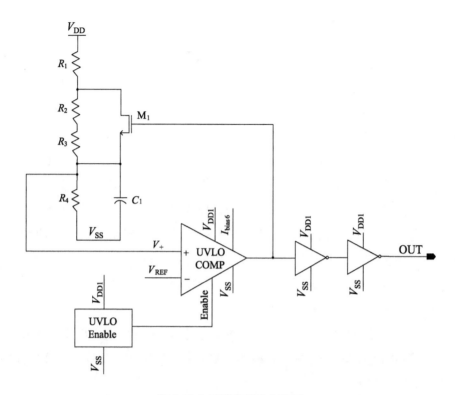

图 7.12 欠压锁存模块电路图

当 $V_+ > V_{REF}$ 时,UVLO COMP 翻转,输出为"1",此时 M_1 导通,则 R_2 和 R_3 被短路。在 V_{DD} 下降的过程中,当 $V_+ = V_{REF}$ 时,达到负阈值电平 V_{UVLO-},此时:

$$V_+ = \frac{R_4}{R_1+R_4}V_{UVLO-} = V_{REF} \tag{7-12}$$

由式(7-12)可求出负阈值电平 V_{UVLO-} 为:

$$V_{UVLO-} = \frac{R_1+R_4}{R_4}V_{REF} \tag{7-13}$$

由(7-11)和(7-13)两式即可求出迟滞电压 $V_{HYS} = V_{UVLO+} - V_{UVLO-}$。欠压锁存电路的迟滞特性可以由如下仿真图看出,本节分别在直流和交流状态下对迟滞特性进行仿真,仿真结果如图 7.13 所示。

图 7.13(a)表示的是欠压锁存模块的直流特性,其中正三角标注的波形是在电压建立过程中正扫的波形,当电压高于 12 V 时脱离欠压锁存状态,此

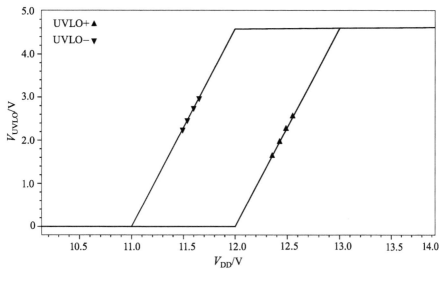

（a）直流状态

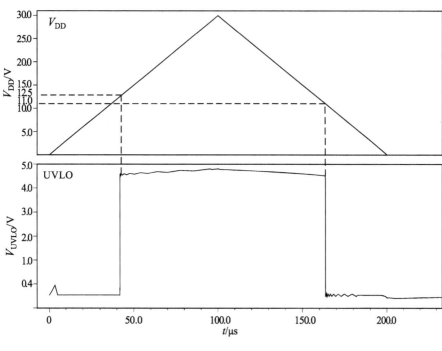

（b）交流状态

图 7.13 UVLO 迟滞特性仿真图

时 $V_{UVLO+} = 12$ V，下降波形表示的是电压下降过程中负扫的波形，结果表明当电压低于 11 V 时进入欠压锁存状态，即：$V_{UVLO-} = 11$ V。图(b)表示的是欠压锁存模块的瞬态特性，当 V_{DD} 在 0～30 V 范围内快速变化的过程中，欠压锁存电路可以保证在快速上电或掉电的极端情况下正常工作。在典型模式下，全温度范围内，UVLO 的阈值电平满足以下范围：

$$\begin{cases} 12.34 \text{ V} < V_{UVLO+} < 12.5 \text{ V} \\ 10.94 \text{ V} < V_{UVLO-} < 11.06 \text{ V} \end{cases} \qquad (7\text{-}14)$$

从而可得迟滞电压的范围是：

$$1.4 \text{ V} < V_{UVLO+} - V_{UVLO-} < 1.56 \text{ V} \qquad (7\text{-}15)$$

本书在三种工艺角的条件下，将三组仿真数据列于表 7.1 中，这样可以方便地看出不同条件下 UVLO 的工作特性。

表 7.1　不同工艺角下 UVLO 电压值对比

温度/℃	典型模式(TT)			大电流模式(FF)			小电流模式(SS)		
	V_{UVLO+} /V	V_{UVLO-} /V	V_{HYS} /V	V_{UVLO+} /V	V_{UVLO-} /V	V_{HYS} /V	V_{UVLO+} /V	V_{UVLO-} /V	V_{HYS} /V
−40	12.34	10.94	1.4	12.38	10.93	1.45	12.49	10.98	1.51
25	12.48	11.04	1.44	12.47	11.04	1.43	12.57	11.09	1.48
100	12.5	11.06	1.44	12.67	11.19	1.48	12.61	11.11	1.5

为了确保 UVLO 工作状态的稳定性，本书在 UVLO 电路内部预置了一个使能电路，该电路可以实时监控输入内部电源 V_{DD1} 的变化情况，当 V_{DD1} 相比于正常工作时所需电压过低时，输出高电平，将 UVLO 信号拉低，关断芯片。其电路如图 7.14 所示。

当电源电压 V_{DD1} 产生波动时，UVLO 的输出可能会受到电源的影响，进而影响到光电耦合器整体输出。所以，在直流状态下，对该使能电路进行仿真，仿真条件设定为 V_{DD1} 在 0～6 V 之间扫描，在此期间，分析输出电压以及各支路电流的情况。仿真波形如图 7.15～7.18 所示。

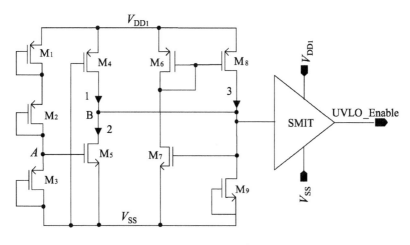

图 7.14 UVLO 使能电路图

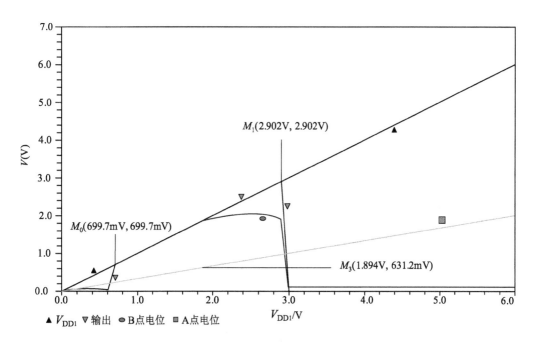

图 7.15 正向扫描电压变化仿真波形

图 7.15 中标"▲"波形代表 V_{DD1},标"■"的代表 A 点电位,标"●"的是 B 点电位,标"▼"的代表输出。当 V_{DD1} 小于 PMOS 管阈值电压时,输出信号 UVLO_Enable 为低电平。当 V_{DD1} 大于 PMOS 管阈值电压时,由于 NMOS 管 M_5 的栅极电压小于阈值电压,所以此管关断。但 M_4 的栅极接地,故 M_4、M_5 处于深线性区,此时输出信号跟随 V_{DD1}。

当 V_{DD1} 升至 1.894 V 时,M_5 栅压为 631.2 mV 并大于 NMOS 的阈值,支路 2 导通。由图 7.16 知,支路 2 的电流是支路 1 和支路 3 的电流之和,故输出信号完全跟随 V_{DD1}。

当 V_{DD1} > 2.9 V 时,由于 M_5 管的 W/L 尺寸比较大,会使 2 支路电流大于 1 和 3 支路的电流之和,故 M_5 进入深线性区,输出电压会拉低,由图 7.16 可知,2、3 支路电流减小,输出电压迅速下降。当 V_{DD1} > 3 V 时,输出电压拉到低电位,此时 M_8 管关断,且支路 3 的电流为零,支路 1 和 2 上面流过的电流保持相同。

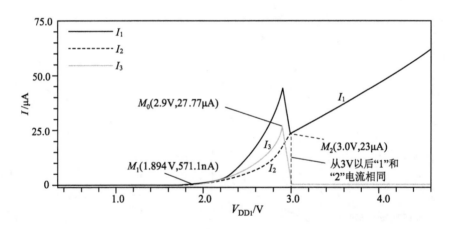

图 7.16　正向扫描电流变化仿真波形

图 7.17 和图 7.18 是正向扫描的逆过程,由图可知,当电源电压低于 2.399 V 大于 684.5 mV 时,输出信号 UVLO_Enable 为高电平,该信号将 UVLO 信号拉低,使得芯片无信号输出。

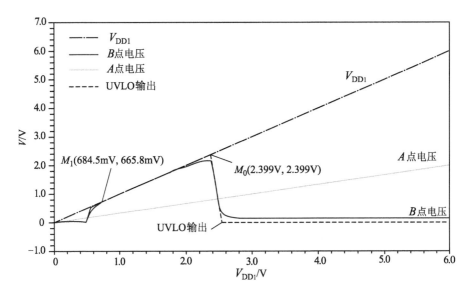

图 7.17 负向扫描电压变化仿真波形

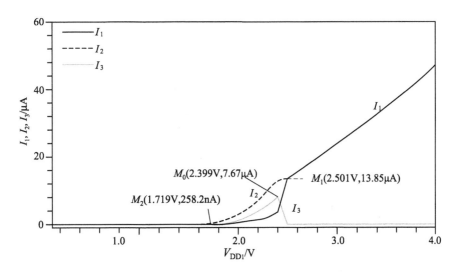

图 7.18 负向扫描电流变化仿真波形

7.4　自降噪光电转换电路设计与版图布局

7.4.1　对称结构降噪模式

（1）对称的 PD 结构

本书在设计光电耦合器的第一个单元时，就注重对噪声的抑制。为了将光电转换之初的噪声尽量降低，本书采用"九宫格"式的对称型光电接收阵列构建光电转换模块，实际的光电检测阵列结构如图 7.19 所示。

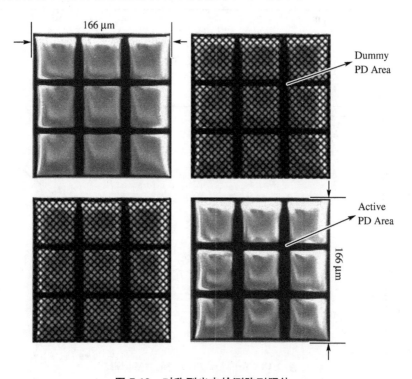

图 7.19　对称型光电检测阵列照片

在正常工作状态下，如果转换过程中出现噪声，那么其对称结构与后级对称型 TIA 电路完全匹配，由这两组 PD 产生的光电流分别接入 TIA 的两个输入端，对于幅度相同的噪声就会起到很好的消除作用，这样的设计为后续电路减少了初级的噪声，也可以对通过衬底产生的串扰进行有效抑制。

（2）对称 PD 与差分电路的结合

上述光电检测阵列在进行光电转换的过程中，极易受到噪声的干扰，这些噪声不仅包括光信号中的固有噪声，也含有光电转换过程中产生的噪声。

噪声一旦被引入后级电路，就会进入放大器与有用信号一起被放大，这对微弱的光电流信号很不利。为此，本书利用差分结构作为光电转换电路完成光电流到电压的转换。其电路结构左右对称，具有可复制性，这样不仅能够将光电流中的噪声有效地抑制，同时也可以有效消除后级电路通过衬底串扰至前级电路的共模噪声。

7.4.2　版图整体布局

（1）降噪设计

本书所设计的光电耦合器芯片总共包含 12 个电路模块，分别是基准电压、内部电源滤波模块、N_{supply}、P_{supply}、欠压锁存模块、跨阻放大器、放大模块、比较模块、Photo_Protection、PWD、逻辑与死区时间控制模块以及后级的驱动电路。

这些模块在保证整片具有高速、强驱动能力的同时，也要确保芯片能够稳定无误的工作。所以在电路设计和版图布局时，均应综合考虑如何满足各项特性指标。在整体版图的布局过程中，本书充分考虑了高、低压隔离以及系统降噪等诸多因素，图 7.20 即为本芯片的布图设计。

目前的版图面积为 1.42 mm×1.31 mm，芯片共采用 8 个 PAD，包括 3 个电源、3 个地以及两个输出端。

为了进一步防止输出端的大功率管在开关瞬间对芯片内部的低压电路部分（内部电源模块、光电信号处理部分）产生干扰，在版图整体布局时专门为驱动模块中的 PMOS 阵列和 NMOS 阵列分别独立设计了 1 个 V_{DD} PAD 和 1 个 GND PAD，除此以外的低压模块采用 1 个 V_{DD} 和 1 个 GND PAD，分别作为模拟电源和模拟地。这样就可以防止光电耦合器工作瞬间，驱动阵列产生的大电流对前级微弱信号的干扰。

由于光电耦合器大多作为"桥梁"工作于强电和弱电之间，所以在进行版图整体布局时，首先需要将稳定性考虑进来。因此，必须把在低压工作区的器件和高压工作区的器件进行隔离，这样可进一步提高抗干扰能力。整体版图中的隔

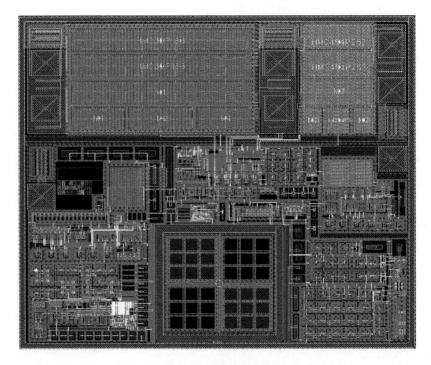

图 7.20　芯片的版图布局

离带布局如图 7.21 所示。

图 7.21 中的隔离区宽度为 20 μm，其功能是将高压驱动模块与低压工作区域进行隔离。而在信号通路中的 COMP、PWD 模块均采用隔离器件，这些隔离器件的可靠度比低压器件高，所以将高压区域与非敏感电路模块的隔离型低压器件距离设计为 75 μm。对于低压区域的敏感度而言，高压区域与其的隔离距离设定为 260 μm。

（2）稳定性设计

当光电耦合器工作在高速状态下并具有强驱动能力时，整片的稳定性能就显得尤为重要。这不仅要求在芯片内部电路的设计过程中具有实时监控和保护功能，同时在版图布局上也要力求安全可靠。

所以在版图稳定性方面，本节将输出端的 MOS 阵列与 PD 之间的距离拉到最大，即 MOS 阵列分别放在芯片版图的左上角和右上角，这样可以有效防止驱动管开关瞬间大电流通过衬底对输入端产生大的噪声，影响芯片的可靠度。

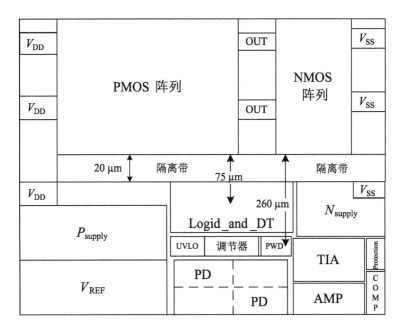

图 7.21　整体版图中的隔离布局带示意图

　　本书设计的光电耦合器采用的是垂直型结构,所以位于 2×2 矩阵的 PD 上方的红外发光二极管可以使 PD 转换成更多的光电流,以便更好地对光电流进行控制。整片中主要信号源的流向如图 7.22 所示。

　　在低压环境下工作的区域除了光电检测阵列外还有另外 7 个模块,分别是 TIA、AMP、COMP、UVLO、Regulator、Photo_Protection 和 V_{REF}。

　　由于这 7 个模块所涉及的信号均为敏感信号,为防止 MOS 阵列在工作时产生的瞬间大电流通过衬底对其产生干扰,需要在这 7 个模块与驱动电路之间加入有效的隔离区域。为此,在整体布局时,高低压区域之间保持着 260 μm 的隔离带。

　　由于 N_{supply} 和 P_{supply} 中的高压器件均有很厚的保护环(Guard Ring),即使后级驱动电路里的大电流对它们的模块产生冲击,但保护环的作用使得这两个模块在距离 Driver 电路较近时也不会受到干扰,故与输出驱动管的距离不需要拉得很大。

　　基准电路中的地线采用凯尔文地连接方式,即将基准模块的地线直接与模拟地 V_{SS} PAD 连接,防止其它信号对基准模块产生干扰。采用两个 OUT PAD 将 PMOS 阵列与 NMOS 阵列隔离开,从而提高输出级 Driver 模块中 MOS 阵

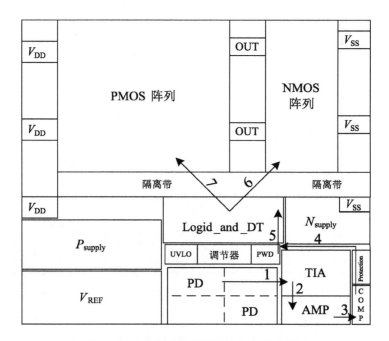

图 7.22　整体版图中的信号流向布局示意图

列开关时的稳定性。

本书所设计的芯片内部集成了三组电源,当芯片正常工作时,电源的走向会直接影响到其它模块的工作状态,因此电源信号的流向是布局时不可缺少的考虑因素。本书所设计光电耦合器的主要电源信号流向如图 7.23 所示。

图中箭头 1 的方向是电源 V_{DD} 信号的流向,箭头 2 表示内部电源 N_{supply} 信号走向,箭头 3 是调节器输出电压的流向。

其中 N_{supply} 和 P_{supply} 两个模块用于为芯片内部模块提供电源。芯片正常工作时, N_{supply} 和 P_{supply} 的输出会在开关动作时产生瞬间大电流,此时 N_{supply} 的输出电流平均值为 95 μA, I_{out} 瞬间可达 35 mA; P_{supply} 的输出电流平均值为 150 μA,输出电流瞬间峰值达 64 mA。

由于本书所选的 0.35 μm BCD 工艺中宽度为 1 μm 的顶层铝线(Top Metal)可以承受 5 mA 的电流,考虑到 N_{supply} 和 P_{supply} 的输出电流瞬间可达最大值,所以在最后的整体布局时, N_{supply} 和 P_{supply} 的输出信号采用宽度为 30 μm 的顶层铝线来提高其过电流能力。

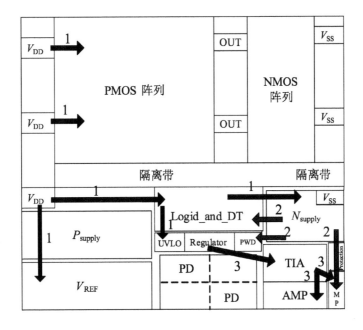

图 7.23 主要电源信号流向示意图

7.4.3 降噪实测结果

由于光电耦合器的工作环境较为复杂,在使用中会随时受到各种噪声的干扰,其中最为常见、影响最大的就是毛刺(Glitch)现象。当系统上电之初,输出端的驱动电流是安培级,而输入端的光电流是微安(μA)级,所以强电流就会对光电检测的初级模块产生干扰,导致系统不能正常工作。图 7.24 是未加降噪电路时,光电耦合器开始工作之初的测试波形。

在上电之初,光电耦合器在死区时间控制内出现一个峰值为 5 V 的 Glitch 信号,其延迟时间可达 1.2 μs。这就意味着在 1.2 μs 内,高压端始终有一个持续脉冲干扰前级光电信号处理电路,这必然会导致系统的误操作。为了在系统上电或掉电时,抑制 Glitch 信号对光电耦合器的干扰,本书利用对称型 PD 结构配合差分 TIA 电路在输入级对干扰信号形成了有效抑制。同时,在版图布局时,也充分考虑到诸如像这样的干扰对前级电路的破坏,通过电路上的优化设计以及版图的改进,在实际测试中,可以有效消除 Glitch 对前级电路的影响,测试结果如图 7.25 所示。

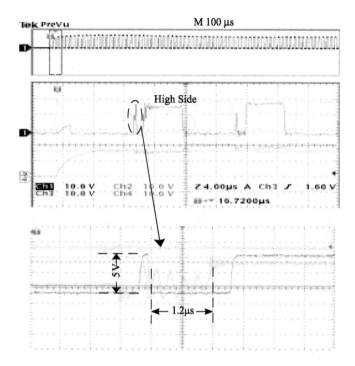

图 7.24 Glitch 对电路的影响

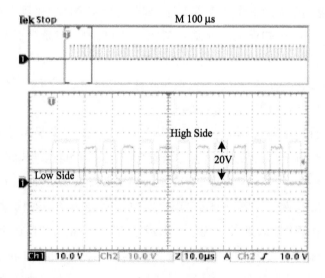

图 7.25 综合降噪后的测试波形

7.5　本章小结

本章在详细分析光电耦合器噪声成因的基础上,阐明了如何降低光电器件的噪声以及在光电集成电路设计中的降噪原理。通过优化电路在输入级和信号处理级对噪声进行抑制,同时为了保证系统工作的稳定性,分别加入使能电路以及电源监测模块对电源电压进行实时监控。

本章从分级降噪的角度出发,针对光电耦合器前级处理时可能会产生的噪声,提出了对称型降噪模式。针对光电耦合器在实际工作中会经常出现的高、低压之间的干扰问题,从隔离效果、电流走向以及信号流向这三方面对版图的整体布局进行设计,进而降低后级对前级的干扰。将驱动模块放置到芯片的两个顶点,保持和前级低压模块的最远距离,同时在高低压电路之间加入隔离带,通过这些途径有效地解决了光电耦合器在实际工作中的高低压干扰和电路噪声干扰的诸多问题。

本书提出的降噪优化电路以及芯片内部的保护电路,分别实现了系统的降噪和工作的稳定性;整体芯片的版图布局保证了光电耦合器对于抑制高、低压之间干扰的功效,同传统结构的光电耦合器相比,其性能更加稳定。

所有结果均在 $0.35~\mu m$ BCD 工艺上进行了投片验证。

参 考 文 献

［1］陈传虞.电子节能灯与电子镇流器的原理和制造［M］.北京:人民邮电出版社,2004.

［2］《荧光灯生产基本知识》编写组.荧光灯生产基本知识［M］.北京:轻工业出版社,1983.

［3］余宪恩,徐金荣,肖勇强.高显色荧光粉的新型体系［J］.中国照明电器,2000(7):11-13.

［4］Neamen D A.半导体物理与器件［M］.3版.赵毅强,姚素英,解晓东,等译.北京:电子工业出版社,2005.

［5］孟庆巨,刘海波,孟庆辉.半导体器件物理［M］.2版.北京:科学出版社,2009.

［6］张希仁,高椿明.方波调制下自由载流子吸收测量半导体载流子输运参数的时域模型［J］.物理学报,2014,63(13):376-384.

［7］程军,陈贵灿.两种新型CMOS带隙基准电路［J］.微电子学与计算机,2003(7):67-70.

［8］毕查德·拉扎维.模拟CMOS集成电路设计［M］.陈贵灿,程军,等译.西安:西安交通大学出版社,2003:312-314.

［9］来新泉.专用集成电路设计实践［M］.西安:西安电子科技大学出版社,2008:105-112.

［10］庄奕琪,孙青.半导体器件中的噪声及其低噪声化技术［M］.北京:国防工业出版社,1993.

［11］包军林.半导体器件噪声-可靠性诊断方法研究［D］.西安:西安电子科技大学,2005.

［12］李应辉.晶体管输出型光电耦合器辐照及其噪声研究［D］.成都:电子科技大学,2010.

［13］徐建生,戴逸松,张新发.噪声测量作为筛选光电耦合器件的一种方法［J］. 光电子·激光,1998,9(5):409-411.

［14］徐建生,戴逸松.测量噪声功率谱作为筛选光电耦合器件的方法研究(Ⅱ) ［J］.光电子·激光,1999,10(3):236-239.

［15］包军林,庄奕琪,杜磊.等.光电耦合器件 g-r 噪声模型［J］.半导体学报,2005 (6):1208-1213.

［16］卜山,周玉梅,赵建中,等.基于 SOI CMOS 工艺的 LVDS 驱动器设计［J］. 半导体技术,2014,39(5):326-329,334.

［17］Chen L, Luo A Q, Jiang Y, et al. Suppressing the phase transformation and enhancing the orange luminescence of (Sr, Ba)$_3$SiO$_5$: Eu^{2+} for application in white LEDs［J］. Materials Letters,2013,106(1):428-431.

［18］Yang B W, Lin Y M, Wang S Y, et al. Noninvasive medical imaging system for tissue classification using RGB LED and micro-spectroscopy ［J］. Guang Pu Xue Yu Guang Pu Fen Xi/Spectroscopy and Spectral Analysis,2013,33(7),1863-1867.

附录1 量符号及其中文名称对照表

符号	中文名称
A	面积
A_V	电压增益
c	光速
d	膜层实际厚度
D	扩散系数
D_n	电子扩散系数
D_p	空穴扩散系数
E	能量、电场强度
E_n	等效输入噪声电压
E_{ni}	等效输入噪声
E_t	热噪声电压均值
f	频率
g_m	跨导
G	功率增益
h	普朗克常量
I	电流
I_n	电子扩散电流
I_p	空穴扩散电流
I_R	耗尽区复合电流
I_F	正向电流
I_{start}	启动电流
I_{OP}	工作电流
j	电流密度

k	玻耳兹曼常数
L	长度、沟道长度
L_n	电子扩散长度
L_p	空穴扩散长度
n	电子浓度
n_0	膜层折射率
n_i	本征载流子浓度
n_{p0}	N 区中少子浓度
N	载流子数目
n_s	半导体折射系数
n_{Si}	硅的折射率
n_a	空气折射系数
N_A	受主掺杂浓度
N_D	施主掺杂浓度
N_t	非辐射陷阱密度
p	空穴浓度
p_{n0}	P 区中少子浓度
q	电子电量
R	电阻
R_r	辐射复合率
R_{nr}	非辐射复合率
s	表面复合速度
T	温度、时间周期
T_{LEB}	消隐时间
T_{OVP}	过压保护恢复时间
T_R	DRI 上升时间
T_F	DRI 下降时间
T_{sd}	过热检测
T_{sdhys}	过热迟滞
t	时间

t_r	上升时间
t_{OX}	栅氧化层厚度
x	坐标、氧化层陷阱分布深度
y	坐标、在 FET 中沿沟道方向从源指向漏
Y	导纳
Z	阻抗
U_s	表面复合率
v_d	电子漂移速度
V	电压、电势差
V_{start}	启动阈值电压
V_{stop}	关断阈值电压
V_{OVP}	过压保护比较器阈值
$V_{S\&HREF}$	S & H 基准
V_{CS1}	CS 异常过流保护点
V_{CS2}	CS 比较点
V_{BE}	发射极-基极偏压
V_{DS}	漏源电压
V_G	栅极电压
V_T	阈值电压
W	沟道宽度、发射区宽度
W_B	基区宽度
W_n	n 区长度
W_p	p 区长度
x_d	势垒宽度
Δf	带宽
α	反馈系数
γ	注入效率
λ	入射光波长
Γ	反射系数
ε_0	二氧化硅的介电常数

ε_{Si}	硅的介电常数
μ	载流子迁移率
μ_n	电子迁移率
μ_p	空穴迁移率
ρ	电阻率
σ	方差、俘获截面
σ_n	过剩载流子浓度
τ	时间常数
τ_c	俘获时间常数
τ_D	载流子渡越耗尽区时间
τ_e	发射时间常数
τ_l	过剩载流子寿命
τ_n	电子寿命
τ_p	空穴寿命
φ	电势
ω	角频率
η	辐射效率
t_{ds}	死区时间
C	电容
L	电感

附录 2 缩略词及其中英文全称对照表

缩略语	英文全称	中文全称
OEIC	Opto-electronic Integrated Circuit	光电子集成电路
DIP	Double In-line Package	双列直插式封装
PD	Photo Detector	光电检测器
MOS	Metal Oxide Semiconductor	金属氧化物半导体
CMOS	Complementary MOS	互补型金属氧化物半导体
DMOS	Double Diffused MOS	双重扩散金属氧化物半导体
NMOS	Negative Type MOS	N 型 MOS 管
PMOS	Positive Type MOS	P 型 MOS 管
LED	Light Emitting Diode	发光二极管
IGBT	Insulated Gate Bipolar Transistor	绝缘栅双极型晶体管
MOSFET	MOS Field Effect Transistor	金属氧化物半导体场效应晶体管
UVLO	Under Voltage Lock Out	欠压锁定
BiCMOS	Bipolar CMOS	双极互补型金属氧化物半导体
TIA	Transimpedance Amplifier	跨阻放大器
CTR	Current Transfer Ratio	电流传输比
ACPSR	AC Power Supply Rejection Ratio	交流电流抑制比
DCPSR	DC Power Supply Rejection Ratio	直流电流抑制比
COMP	Comparator	比较器
AMP	Amplifier	放大器
PWD	Pulse Width Delay	脉冲宽度延迟
PWM	Pulse Width Modulation	脉冲宽度调制
PFM	Pulse Frequency Modulation	脉冲频率调制
PFC	Power Factor Corrector	功率因数校正器
EMI	Electro Magnetic Interference	电磁干扰
PN	Positive Type Negative Type Junction	PN 结

PIN	Positive Type Intrinsic Negative Type	PIN 结构
EL	Electric Luminous	电致发光
OTA	Operational Transconductance Amplifier	跨导运算放大器
BCD	Bipolar CMOS and DMOS	双极互补双重扩散金属氧化物半导体
AC	Alternating Current	交流电流
DC	Direct Current	直流电流
IC	Integrated Circuit	集成电路
SOI	Silicon on Insulator	绝缘体上硅
ZCD	Zero Crossing Detector	零交叉检测仪
ZVS	Zero Voltage Switch	零电压开关
PSM	Pulse Skip Modulation	调制脉冲跳跃模式
CC	Constant Current	恒定电流
CV	Constant Voltage	恒定电压
DCM	Dimensional Constraint Manager	标注约束管理器
PCB	Printed Circuit Board	印制电路板
DRI	Direct Rendering Infrastructure	基层直接渲染
UVLO	Under Voltage Lock Out	低电压锁定